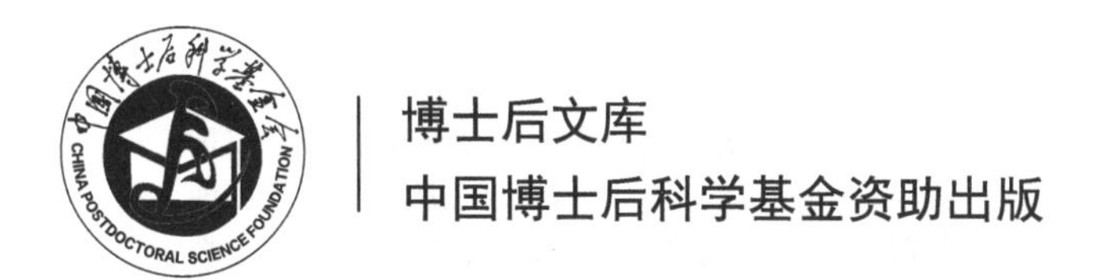

博士后文库
中国博士后科学基金资助出版

纤维金属层板的疲劳性能与寿命预测

孟维迎　著

科 学 出 版 社
北　京

内 容 简 介

本书系统地阐述了作者关于纤维金属层板典型变幅载荷下疲劳裂纹扩展行为机制、疲劳总寿命性能及相应寿命预测问题的研究成果，并详尽地介绍了国内外相关领域的研究现状。本书分别从层板的基本力学性能、裂纹扩展性能和疲劳总寿命性能三个层面开展研究，探索基于经典层板修正理论的层板金属层应力分布解析模型，提出基于不同过载因素下裂纹扩展机理的层板裂纹扩展寿命预测模型，构建基于不同过载因素下寿命特征规律的层板疲劳总寿命预测模型。本书从试验出发，以力学理论为基础，实现层板疲劳性能更深入的理论分析及更准确的性能预测，为纤维金属层板的性能强化研究及结构寿命设计提供重要依据和分析方法。

本书可供航空航天领域和车船工程领域材料研究人员、工程技术人员参考，也可作为力学、材料科学与工程、机械工程等相关专业本科生和研究生的参考书。

图书在版编目（CIP）数据

纤维金属层板的疲劳性能与寿命预测 / 孟维迎著. —北京：科学出版社，2024.3
（博士后文库）
ISBN 978-7-03-076098-2

Ⅰ. ①纤… Ⅱ. ①孟… Ⅲ. ①纤维-金属板-金属疲劳-研究②纤维-金属板-结构寿命-研究 Ⅳ. ①TG147

中国国家版本馆CIP数据核字（2023）第144752号

责任编辑：姜 红 张培静 / 责任校对：杜子昂
责任印制：徐晓晨 / 封面设计：无极书装

科学出版社 出版
北京东黄城根北街16号
邮政编码：100717
http://www.sciencep.com
北京厚诚则铭印刷科技有限公司印刷
科学出版社发行 各地新华书店经销
*
2024年3月第 一 版 开本：720×1000 1/16
2024年3月第一次印刷 印张：9 3/4
字数：197 000

定价：99.00元
（如有印装质量问题，我社负责调换）

“博士后文库”序言

1985年，在李政道先生的倡议和邓小平同志的亲自关怀下，我国建立了博士后制度，同时设立了博士后科学基金。30多年来，在党和国家的高度重视下，在社会各方面的关心和支持下，博士后制度为我国培养了一大批青年高层次创新人才。在这一过程中，博士后科学基金发挥了不可替代的独特作用。

博士后科学基金是中国特色博士后制度的重要组成部分，专门用于资助博士后研究人员开展创新探索。博士后科学基金的资助，对正处于独立科研生涯起步阶段的博士后研究人员来说，适逢其时，有利于培养他们独立的科研人格、在选题方面的竞争意识以及负责的精神，是他们独立从事科研工作的“第一桶金”。尽管博士后科学基金资助金额不大，但对博士后青年创新人才的培养和激励作用不可估量。四两拨千斤，博士后科学基金有效地推动了博士后研究人员迅速成长为高水平的研究人才，“小基金发挥了大作用”。

在博士后科学基金的资助下，博士后研究人员的优秀学术成果不断涌现。2013年，为提高博士后科学基金的资助效益，中国博士后科学基金会联合科学出版社开展了博士后优秀学术专著出版资助工作，通过专家评审遴选出优秀的博士后学术著作，收入“博士后文库”，由博士后科学基金资助、科学出版社出版。我们希望，借此打造专属于博士后学术创新的旗舰图书品牌，激励博士后研究人员潜心科研，扎实治学，提升博士后优秀学术成果的社会影响力。

2015年，国务院办公厅印发了《关于改革完善博士后制度的意见》（国办发〔2015〕87号），将“实施自然科学、人文社会科学优秀博士后论著出版支持计划”作为“十三五”期间博士后工作的重要内容和提升博士后研究人员培养质量的重要手段，这更加凸显了出版资助工作的意义。我相信，我们提供的这个出版资助平台将对博士后研究人员激发创新智慧、凝聚创新力量发挥独特的作用，促使博士后研究人员的创新成果更好地服务于创新驱动发展战略和创新型国家的建设。

祝愿广大博士后研究人员在博士后科学基金的资助下早日成长为栋梁之才，为实现中华民族伟大复兴的中国梦做出更大的贡献。

中国博士后科学基金会理事长

前　　言

航空装备的服役安全性直接影响航空工业以至国防建设的发展，结构疲劳破坏是影响航空装备服役安全性的主要原因。航空装备在实际服役过程中多承受复杂飞行系载荷作用，对结构疲劳性能产生极大挑战，随着服役年限增加，关键结构部件将形成裂纹并不断扩展，最终导致结构的断裂失效。纤维金属层板作为新一代航空材料，其优势主要为优良的抗疲劳裂纹扩展性能。针对纤维金属层板疲劳裂纹扩展性能、疲劳总寿命性能进行深入研究，是揭示失效机理、评估结构寿命的重要手段，对优化层板的材料改性、结构设计和制造工艺有着重要指导意义。

国内外对于纤维金属层板的研究仍然是材料研发工作的前沿和热点，其疲劳性能自研发以来一直受到材料研究者的广泛关注。目前，研究者已针对纤维金属层板中芳纶纤维增强铝合金层板和玻璃纤维增强铝合金层板的疲劳性能进行了较多的研究，而对于其他较新的纤维金属层板材料的性能研究相对较少。在相关研究工作中，对纤维金属层板疲劳裂纹扩展性能研究相对较多，对疲劳裂纹萌生寿命研究较少，而对层板疲劳总寿命的研究工作更不多见；与此同时，其中恒幅载荷下疲劳裂纹扩展行为及预测模型发展已相对成熟，相比之下变幅载荷下疲劳裂纹扩展行为及相关预测方法研究明显不足。恒幅和变幅加载主要区别在于变幅加载存在相互作用现象，如拉伸过载引起的损伤迟滞效应、压缩过载导致的损伤加速效应等。对于大多数航空航天设备来说，恒幅加载情况往往过于理想，航空载荷中变幅载荷情况更为常见，过载下疲劳性能研究对航空结构材料具有重要意义。变幅载荷下，尤其过载情况，过载迟滞效应与纤维桥接效应相互耦合，从而使得疲劳裂纹扩展机制更加复杂，导致疲劳总寿命研究更加困难，预测难度更大。因此，针对典型变幅载荷下纤维金属层板疲劳及裂纹扩展性能研究已成为一个新的热点。

作者在这一前沿技术领域进行了大量的基础性试验和探索性研究。本书作为作者关于纤维金属层板研究成果的系统总结和梳理，旨在通过专著的形式对典型变幅载荷下疲劳裂纹扩展行为机制、疲劳总寿命性能及预测方法进行全面总结与展示，促进国内外同行之间的学术交流及成果共享，进一步推进我国相关技术的发展及应用。

本书主要针对纤维金属层板的疲劳及裂纹扩展性能进行研究。以新型的纤维金属层板——玻璃纤维增强铝锂合金层板为研究对象，系统地研究典型变幅载荷下疲劳裂纹扩展行为机制、疲劳总寿命性能及其预测方法，旨在为纤维金属层板的损伤容限设计及寿命预测提供理论依据和分析方法。为实现纤维金属层板疲劳性能研究，层板金属层应力分析及预测至关重要。本书通过采用一种新的应变测量技术，实现了金属层应变的在线测量，进而计算获得金属层应力；同时采用等效刚度概念修正经典层板理论，实现了更准确的金属层应力预测。在此基础上，本书开展新型纤维金属层板在典型过载条件下的疲劳裂纹扩展速率试验，研究了层板在典型过载条件下的疲劳裂纹扩展行为，分析了典型过载形式（单峰拉伸过载和单峰压缩过载）及不同过载比 R_{ol} 对于裂纹扩展行为的影响机制，剖析过载下该结构材料疲劳裂纹扩展性能机理，探索了不同过载影响机理的疲劳裂纹扩展寿命预测方法。本书通过开展新型纤维金属层板及其组分金属材料在恒幅及典型变幅载荷（周期单峰拉伸过载、周期单峰压缩过载和周期高低加载）下的疲劳应力-总寿命（*S-N*）曲线试验，系统地研究了在相同过载（周期单峰过载及周期高低过载）条件下层板与其组分金属材料的 *S-N* 曲线之间的关系，深入地分析了过载形式对于不同材料恒幅疲劳性能的影响。根据两种情况（相同加载方式不同材料、不同加载方式相同材料）下的 *S-N* 曲线特征，针对典型变幅载荷情况分别提出了新型纤维金属层板的两种疲劳总寿命预测模型。

感谢我的博士导师谢里阳教授，是他带领我继续深造，指导我继续畅游学海，也是他带我走进复合材料、疲劳和可靠性领域，给我打开一扇崭新的大门。感谢我的博士后导师李宇鹏教授，是她诲人不倦，为我纠正学术表述，完善科研思维，令我日益严谨，也是她开阔的视野和精益求精的治学态度使我明白学海无涯、科研止境。两位恩师的教诲，我将铭记于心，受益终身。

感谢我的父亲和母亲，二老坚定不移地支持我的学术理想；感谢我的妻子李璐，为我们的家所做的付出，给了我坚实的后盾。家人的平安、健康、幸福是我奋斗的永恒动力，也是我此生最大的财富。

特别感谢中国博士后科学基金会对本书出版的资助；同时，感谢国家自然科学基金青年基金项目（52205163）、辽宁省博士科研启动基金计划项目（2019-BS-198）和辽宁省教育厅高校基本科研项目（LJKMZ20220932）对本书相关科学研究的资助；最后，感谢作者所在单位沈阳建筑大学为作者提供的良好科研环境。

由于作者水平有限，书中难免存在一些不足之处，欢迎读者批评指正。

孟维迎
2023 年于沈阳

目　录

第1章 绪　论

1.1　纤维金属层板疲劳性能研究背景及意义

航空材料是研制航空设备的物质保障，也是使航空设备达到期望性能、寿命与可靠性的技术基础。航空材料已成为与航空发动机、信息技术并列的三大航空关键技术之一[1]。航空发展史证明，航空材料的每次重大突破，都会促进航空技术产生飞跃式的发展[2]。自20世纪中期，为了满足航空航天工业快速发展的需求，不断提高结构材料的各方面性能已成为大势所趋。许多国家越来越迫切地对新型材料进行研发与应用，并将材料的研发及应用放在科研工作的首位[3]。至今为止，受到越来越多关注的新型材料是复合材料，各种先进复合材料在新型材料中占据相当大的比例。这些复合材料不但可以满足结构设计的减重需求，而且相比金属材料具有一些独特的优势，如比强度、比刚度方面以及优异的疲劳性能和耐腐蚀性能[4]。复合材料由于其优良的综合性能已广泛应用于航空航天领域。

航空航天设备性能的提高刺激着对结构材料的高性能的需求。目前，材料在满足轻质及高强度要求的基础上，其损伤容限也成为重要的性能考察指标。对于传统的铝合金材料，其具有高强的抗冲击性及良好的加工性能，但其耐腐蚀性能及疲劳性能较差；而对于纤维增强树脂复合材料，虽然其具有较好的疲劳性能和较高的强度，但其材料的抗冲击性及延展性能很差，同时其不易加工且成本较高。航空航天设备的新型材料应兼具低密度、高强度和高弹性模量以及良好的疲劳性能、韧性和抗腐蚀性能等特征，这一需求刺激了一种复合型的混合材料的发展，故新型复合材料——纤维金属层板（fiber metal laminates, FMLs）应运而生[4]。纤维金属层板材料同时具有金属层的高耐冲击性及复合纤维层的高断裂韧性，进而引起了大量企业和材料研究者的关注。目前为止，国内外对于纤维金属层板的研究仍然是前沿和热点。

纤维金属层板是荷兰代尔夫特理工大学、荷兰福克公司和荷兰国家航空航天实验室联合研制的科技成果[5]。该新型结构材料兼具先进复合材料和金属材料的优点，并克服了一些各自的缺点。20世纪70年代初期，研究金属厚度对胶结层板性能的影响时，福克公司发现：薄板的胶结不但能增加材料断裂韧性，同时有抑制裂纹扩展的作用。20 世纪 80 年代初期，荷兰的 L. B. Vogeleasng、J. Schije 和德国的 R. Marrissen 在代尔夫特理工大学的材料研究室成功开发了一种新型的非疲劳敏感性结构材料——纤维金属层板[6,7]。

纤维金属层板是一种由金属层与预浸料层（纤维增强树脂复合层，也称纤维层）按预定的顺序进行交替铺层，且在特定的压力和温度下固化而成的复合材料，其典型结构如图 1.1 所示[8]。通过改变金属层的厚度、数量、种类和纤维的方向、体系以及纤维层的厚度、数量、铺层顺序等，FMLs 可以获得不同的材料性能。FMLs 可以将两种不同材料的性能优点完美结合，即其不仅继承了铝合金优异的抗冲击性和可加工性，而且还具备预浸料较好的疲劳性能和较高的强度。与此同时，FMLs 还对两者的不足进行相应的改善和弥补，即其克服了铝合金的疲劳强度低和预浸料层的冲击强度低、成本高及加工性差的缺点[9]。FMLs 与铝合金相比具有更高的比强度和疲劳强度，更好的损伤容限性能、抗腐蚀和防火性能以及更低的密度，同时与复合材料相比具有更好的韧性、抗冲击性能、导电性能及抗湿热性能。FMLs 合并了金属（通常是铝）和预浸料的最佳性能，其优势主要为更好的损伤容限和抗冲击损伤性能。FMLs 与金属结构相比虽然制造复杂性和成本均较高，但是可实现减重 25%～30%，提高 10～15 倍的疲劳总寿命[10]。综上，FMLs 性能满足新一代航空设备的要求，是理想的航空结构材料。至今，纤维金属层板已成功应用于空中客车的机身、机舱、翼段以及垂尾前缘等部位[11-13]。

图 1.1 纤维金属层板 3/2 结构示意图[8]

纤维金属层板作为重要的航空结构材料，其优势主要为更好的损伤容限和抗冲击损伤性能，在航空航天领域中损伤容限性能更为研究者所关注。FMLs 在疲劳过程中损伤通常表现为两种损伤模式：金属层的疲劳裂纹扩展和金属/纤维界面的分层扩展[14,15]。疲劳裂纹扩展和界面分层扩展机制如图 1.2 所示。FMLs 金属层伴有抵抗裂纹增长的纤维，是层板材料阻碍疲劳裂纹扩展的关键[16,17]。在疲劳裂纹萌生阶段和裂纹扩展初始阶段，纤维不断裂且纤维桥接机制不存在，即纤维没有限制金属层裂纹张开的作用[18]。在疲劳裂纹扩展阶段，当疲劳裂纹在金属层中扩展时，裂纹区域内的纤维不发生断裂，纤维对裂纹起到桥接作用，使层板裂纹尖端的有效应力强度因子降低，从而抑制了疲劳裂纹的扩展[18-22]。也就是说，当金属层产生裂纹时，由于纤维的存在，一部分远程应力将转移到预浸料层，这部分转移的应力称为桥接应力[23]，进而导致裂纹尖端的有效应力强度因子明显减小，从而减缓裂纹扩展速率。与此同时，桥接应力会使金属层与预浸料层间产生剪切变形，从而导致分层，分层将降低纤维桥接的效力。疲劳裂纹扩展和界面分层是相互耦合的[24]，对层板的疲劳裂纹扩展寿命有重要影响。Alderliesten[25]研究指出，对于不同层板，纤维发生桥接作用的临界裂纹长度是不同的，一般在几毫米到十几毫米之间，这取决于层板的结构及层间黏结情况。研究表明，纤维金属层板材料具有优异的疲劳裂纹扩展性能主要是纤维桥接作用的结果[26,27]。

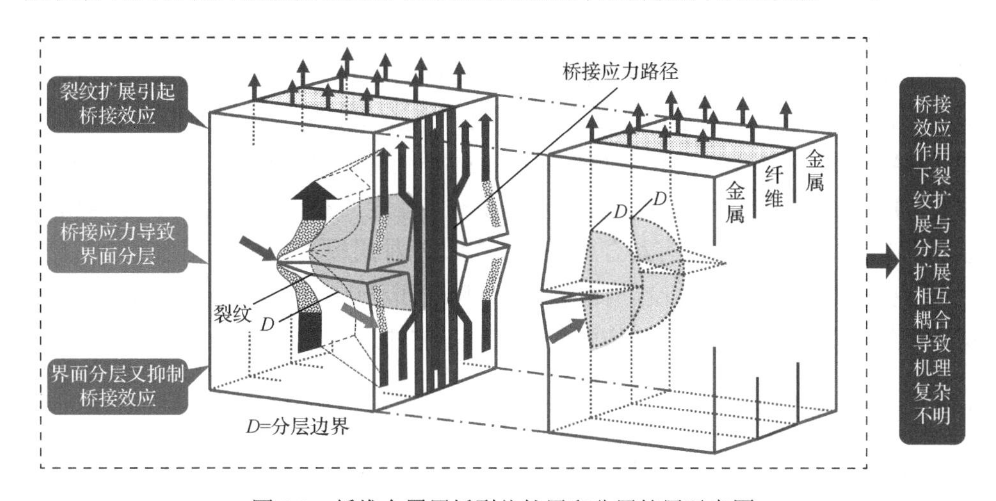

图 1.2 纤维金属层板裂纹扩展和分层扩展示意图

鉴于纤维金属层板上述特征及优势，FMLs 必将越来越多地应用于航空航天重要装备。目前，国内外对 FMLs 的研究仍然是材料研发工作的前沿和热点，自研发以来其疲劳性能一直受到材料研究者的广泛关注[28-38]。金属材料在恒幅和变幅加载下主要区别在于变幅加载存在相互作用现象，如过载引起的损伤延迟效应、加载顺序造成的损伤加速效应等[39,40]。对于大多数航空设备来说，恒幅加载的情况往往过于理想，航空载荷中过载载荷情况更为常见。因此，过载下疲劳性能的研究对航空结构材料具有重要意义。而变幅载荷下，尤其过载载荷，过载迟滞效应与纤维桥接效应相互耦合，使得疲劳裂纹扩展机制更加复杂，进一步导致疲劳总寿命研究更加困难，预测难度更大。故过载载荷是变幅载荷的一种典型形式，研究纤维金属层板典型变幅载荷下疲劳裂纹扩展行为机制、疲劳总寿命性能及寿命预测方法必将十分重要。而了解纤维金属层板的种类及发展趋势，明确每种层板的应用情况，剖析每种层板性能的优劣，全面掌握其材料基本力学性能以及疲劳性能的研究现状，是研究纤维金属层板典型变幅载荷下疲劳裂纹扩展行为机制、疲劳寿命性能及寿命预测方法的重要前提。

1.2 纤维金属层板的分类及发展历程

到目前为止，根据纤维和金属的种类来划分，纤维金属层板主要经历了四次更新换代。FMLs 的四代产品分别为：①芳纶纤维增强铝合金层板（aramid fiber reinforced aluminum alloy laminates, ARALL）；②玻璃纤维增强铝合金层板（glass fiber reinforced aluminum alloy laminates, GLARE）；③碳纤维增强铝合金层板（carbon fiber reinforced aluminum alloy laminates, CARE）；④石墨纤维增强钛合金层板（titanium-graphite hybrid laminates, TiGr）。同时，对于不同的增强基体，FMLs 的性质也不尽相同。这四代 FMLs 材料导致了航空重要结构材料的重大变革，其中 ARALL 和 GLARE 已经成功商业化。这两种层板在复合结构上有一些不同。对于 ARALL，芳纶纤维与铝合金之间存在一定厚度的黏合层；而对于 GLARE，玻璃纤维与铝合金之间没有黏合层的存在[41]。两种层板在金属表面处理方法上也存在一些差异。对于 ARALL，结合面的金属表面不进行处理；而对于 GLARE，结合面的金属表面采用喷砂、磷酸阳极氧化等方法进行处理[42]。

1.2.1 ARALL

20 世纪 70 年代末期，代尔夫特理工大学和福克公司实现了铝合金材料向新型材料的跨越，即通过将单向芳纶纤维增强树脂层与铝合金板进行黏结而获得了一种新型复合材料——芳纶纤维增强铝合金层板。该层板由于具有更加优异的抗冲击性能和良好的疲劳性能，当时受到了航空航天领域的广泛关注。1981 年 2 月，代尔夫特理工大学申请了芳纶纤维增强铝合金层板的美国专利。随后，美国铝业公司实现了芳纶纤维增强铝合金层板的商业化，将其命名为 ARALL[6]。

代尔夫特理工大学继续研究了 ARALL 的加工制造、结构设计、冲击损伤、疲劳性能和裂纹扩展等性能，同时也进行了汽车和飞机等其他领域的应用研究[43]。福克公司在研究 ARALL 的机械加工工艺时，发现了 ARALL 中的纤维在疲劳裂纹的端口部位有“桥接”的作用，故该层板具有优异的损伤容限性能和较高的疲劳强度[15,44]。在 ARALL 中，单向纤维预浸料的纤维方向由主要载荷的方向决定。该层板阻碍裂纹扩展的关键是纤维具有疲劳载荷的不敏感性。即桥接作用将载荷转移到预浸料层，从而使得铝层中裂纹尖端应力强度因子降低，最终抑制了裂纹的扩展。起初，ARALL 有两种类型，分别是 ARALL 1 层板和 ARALL 2 层板，其中 ARALL 1 层板的金属层采用 7075 铝合金，ARALL 2 层板的金属层采用 2024 铝合金。1987 年，ARALL 3 层板和 ARALL 4 层板问世[6]。其中，ARALL 4 层板因具有良好的高温性能，主要用于军用产品。四种 ARALL 的金属层厚度均为 0.30mm，纤维层厚度均为 0.22mm，其他参数详情如表 1.1 所示。

表 1.1 ARALL 的分类

名称	铝合金类别	固化温度/℃	纤维排列方向/（°）
ARALL 1	7075-T6	120	0
ARALL 2	2024-T3	120	0
ARALL 3	7475-T76	120	0
ARALL 4	2024-T8	175	0

1985 年，美国铝业公司将生产的 ARALL 提供给英国航空公司、波音公司等飞机公司和美国宇航局兰利研究中心等相关的政府实验室共 35 家机构[43]。这些机构测试了 ARALL 的各种性能。F-27 飞机机翼壁板的研制是首个真正采用 FMLs 的飞机结构件开发项目。在研制过程中由于 ARALL 缺口断裂敏感，导致其抗拉-压疲劳性能较差。1987 年，福克公司采用 ARALL 制造了 F-27 飞机的两个机翼板件。通过装机试验，检查发现当达到 3 倍设计寿命后，其仅仅出现一个小裂纹（相同条件下铝合金材料早已破裂失效）。同时，研究发现，在裂纹出现之后 ARALL 结构的剩余强度仍高于其限定强度的 1.42 倍[5,43]。也就是说，ARALL 壁板相比铝合金壁板，不但增加了结构的安全性，还减重了 33%。ARALL 用于 C-17 运输机货舱门是其第一次大面积的使用[28,45]，如图 1.3 所示。1988 年，洛克希德·马丁公司为了达到飞机轻量化要求，使用 ARALL 制造了 C-17 运输机后货舱门的蒙皮，最终成功减重 26%[46,47]。该层板在使用过程中表现出优异的性能，但因其工艺问题导致制造成本太高，以至于不久后就被金属材料替代。美国空军采用 ARALL 作为 C-130 飞机襟翼的下蒙皮，在测试飞行超过 2000h 之后，该层板结构均未出现任何的疲劳裂纹或者撞击破坏；相比而言，铝合金材料的蒙皮在测试飞行超过 200h 之后，已经出现了疲劳裂纹[48]。此外，T-38 和 F-100 飞机也应用了 ARALL 材料。德国的梅塞施密特-伯尔科-布洛姆公司也开始了在机身上应用 ARALL 的研究，然而机身壁板相比机翼壁板受力状况复杂很多[6]。研究发现，层板疲劳裂纹区域的芳纶纤维出现了断裂，且随着纤维的断裂，其裂纹增长加快。这个问题对于 ARALL 是十分严重的。

总体来说，ARALL 主要优势是：①在纤维方向上极限拉伸强度远大于相应的铝合金材料；②止裂作用明显，在 3 倍设计寿命时层板仅出现一个小裂纹；③损伤容限性能好，在几毫米的疲劳裂纹下层板仍可安全工作；④抗雷击性能好，在 1～1000Hz 层板的声阻尼性能比铝合金高 2.3 倍[49]。ARALL 的不足之处是较低的断裂延伸率和不理想的拉-压疲劳性能，即在某些载荷形式下疲劳裂纹区域的芳纶纤维将出现断裂破坏，这是因为层板的剥离强度较低（芳纶与树脂之间的界面结合差），当受压缩载荷时，由于其自身的压缩强度较低而导致破坏。同时，ARALL 的制造及应用也存在一些问题：层板的固化过程将导致 ARALL 金属层产生较大的残余应力，而调整层板的残余应力非常困难；断裂应变较小的芳纶纤维将导致成形时 ARALL 过小的变形范围。由于 ARALL 的这些缺陷，使得其应用空间十分有限。随着新型 FMLs 材料的研发，ARALL 逐渐被取代。

图 1.3　C-17 运输机的货舱门

1.2.2 GLARE

20 世纪 80 年代末期，在研究 ARALL 性能过程中，为了解决其芳纶纤维断裂延伸率较低的问题，研究者研发了第二种纤维金属层板。荷兰阿克苏公司采用 R-玻璃纤维取代原来纤维金属层板中的芳纶纤维，成功研发了另一种新型纤维金属层板——玻璃纤维增强铝合金层板（GLARE）。GLARE 是铝合金材料和玻璃纤维增强树脂材料交替黏结而形成。其中，铝合金板厚度为 0.30～0.50mm，预浸料层厚度为 0.25～0.50mm。根据需要该层板的结构可以是两层铝合金板和一层预浸料层（如 GLARE-2/1 层板），也可以是多层铝合金板且每两层铝合金层中间夹一层预浸料层。1987 年 10 月，荷兰阿克苏公司成功申请了玻璃纤维增强铝合金层板的专利[47,50]。1991 年，荷兰阿克苏公司和美国铝业公司合作，对 GLARE 进行商品化生产[47,50]。GLARE 的通用类型如表 1.2 所示。其中纤维层厚度均为 0.266mm。

表 1.2 GLARE 的分类

名称	类别	铝合金类别	铝合金厚度/mm	纤维排列方式/（°）
GLARE 1		7075-T76	0.3～0.4	0/0
GLARE 2	GLARE 2A	2024-T3	0.2～0.5	0/0
	GLARE 2B			90/90
GLARE 3		2024-T3	0.2～0.5	0/90
GLARE 4	GLARE 4A	2024-T3	0.2～0.5	0/90/0
	GLARE 4B			90/0/90
GLARE 5		2024-T3	0.2～0.5	0/90/90/0
GLARE 6	GLARE 6A	2024-T3	0.2～0.5	+45/−45
	GLARE 6B			−45/+45

GLARE 在完美地继承 ARALL 优异性能的基础上，进一步改善了 ARALL 的断裂韧性、缺口强度、疲劳性能及抗冲击性能。相比于铝合金材料，GLARE 在厚度相同情况下可减重达 15%～30%。GLARE 的玻璃纤维的热膨胀系数（4.8×10^{-6}/℃）较芳纶纤维热膨胀系数（-2×10^{-6}/℃）更接近铝合金的热膨胀系数（23.8×10^{-6}/℃），高温固化后层板各层的残余应力较低，可以避免调整残余应力。因此，GLARE 的金属层有较低的残余应力、较高的缺口和极限拉伸强度。虽然玻璃纤维的密度略高于芳纶纤维，但其压缩性能和抗冲击性能均高于芳纶纤维，且在疲劳载荷下玻璃纤维很难断裂。此外，较高断裂延伸率的玻璃纤维允许铝合金层的裂纹尖端发生塑性变形，因此 GLARE 具有优异的缺口断裂性能及抗拉-压疲劳性能。相比于 ARALL，GLARE 的玻璃纤维和树脂之间有更好的黏合附着力，使得层板的纤维在两个不同的方向进行铺放。这一特征适用于发生双轴应力的结构。最关键的是，不同于芳纶纤维在某些加载条件下发生断裂，GLARE 中的玻璃纤维则不会发生失效，确保了优异的疲劳性能所依赖的桥接效应的发生。因此，GLARE 成了 FMLs 的代表材料。目前为止，许多国外研究机构已开展了 GLARE 疲劳裂纹扩展的试验研究，其中代表性的研究机构有荷兰代尔夫特理工大学、美国加利福尼亚大学和麻省理工学院以及日本滋贺县立大学等[51]。

1989 年 11 月，荷兰阿克苏公司首次采用 GLARE 3 层板材料制成了大型翼段，使得梅塞施密特-伯尔科-布洛姆公司的翼段质量减重达 25%[52]。德国的空中客车公司针对 A330/A340 机身的桶段拱处采用 GLARE 材料进行飞行测试，研究发现机身的 GLARE 材料经过 10 万次的测试没有出现任何损伤；此外，A320 机身和垂尾前缘也分别使用了 470m^2 的 GLARE 及 14m 长的 GLARE[53]。美国波音公司的 Learjet-45 小型飞机和波音 737、757 及 777 等大型飞机的很多部位也使用了 GLARE。其中波音 777 飞机采用 GLARE 对机舱的地板进行改造（减重达 23%左右）是 GLARE 的第一次商业性应用[46,52]。目前，空中客车公司的 A380 空中客机已实现 GLARE 的大量应用，侧机身壁板和上机身壁板的蒙皮采用了 400～500m^{2}的 GLARE（由于腐蚀的因素，下机身壁板未采用该层板），如图 1.4 所示[6,53]。这次应用总共减重 794kg，成功减重 A380 全机质量的 25%以上。空中客车公司通过应用贴膜拼接技术实现了大型双曲率 GLARE 构件的成功制作，为该层板的进一步应用提供了先决条件[54]。此外，不同于 ARALL，GLARE 的加工制造条件也比较简单（类似于一般复合材料）。故 GLARE 在航空航天领域具有广泛的应用。

图 1.4　空中客车 A380 及机身上壁板[6]

1.2.3　CARE 和 TiGr

CARE 和 TiGr 的增强纤维均为碳纤维，故两种层板统称为碳纤维增强金属层板。FMLs 的性能主要由增强纤维的性能决定。相比玻璃纤维和芳纶纤维，碳纤维具有更高的刚度和强度，因此在 FMLs 的研制中被认为是理想的增强纤维材料。CARE 具有高的强度、刚度及较大的破坏变形。在强度方面，CARE 的强度与其纤维含量有直接的关系。在纤维体积分数为 25%时，CARE 的强度为 910MPa；在纤维体积分数为 55%时，CARE 的强度可提高到 GLARE 的 1.5 倍。在刚度方面，高刚度的碳纤维带来了非常低的层板金属层疲劳裂纹扩展速率[55]。

虽然 CARE 的性能高于 ARALL 和 GLARE 层板，但是在使用过程中碳纤维和铝合金之间有电化学腐蚀现象发生，而且铝合金腐蚀速率较碳纤维更快。这一问题对于 CARE 是不可忽视的。目前，此问题最好的解决方法是隔离碳纤维和铝合金。隔离方法主要有两种：一种是在铝合金表面采用凝胶涂层（聚酰胺醚）技术；另一种是在碳纤维预浸料外层添加玻璃纤维预浸料，但将会一定程度地降低层板的刚度和疲劳强度[56]。对两种方法进行初步测试，发现它们均起到了隔离的效果。然而在缺口边缘及材料边缘或者由于偶然损伤、疲劳损坏等都可能造成这两种材料的接触。目前来说，CARE 解决两种材料之间的接触性电位腐蚀问题是不易实现的，导致 CARE 有一个较差的力学性能。此外，碳纤维与铝合金之间有个差异较大的热膨胀系数，导致其加热固化后该层板有一个较大的残余应力[55]。因此，CARE 在实际工程中未获得广泛的应用。

在前三代层板中树脂基体均采用环氧树脂，然而环氧树脂的高温分解导致这些 FMLs 材料的高温性能极不稳定。针对这一问题，新型 FMLs 的研发继续在国内外展开[6]。FMLs 中的玻璃纤维逐渐被高模量、高强度的碳纤维或石墨纤维取代；而环氧树脂等热固性树脂也由耐高温性能较好的热塑性树脂取代，如聚酰胺、聚苯硫醚和聚醚醚酮等。2003 年，为了避免电位腐蚀现象，美国伊利诺伊大学以碳纤维作为增强纤维，以钛合金作为金属层，成功研发出了 TiGr[57]。该层板由碳纤维预浸料层和表面涂底胶的薄钛合金板组成。

由于钛合金和石墨纤维之间的电位差基本可以忽略，故 TiGr 解决了电位腐蚀的问题。同时，两种材料的结合进一步提高了 TiGr 的综合性能，尤其是高温性能和比强度。该层板不但在低温时有良好的抗腐蚀性能，还有良好的高温性能（耐温范围为-70～175℃），并具有较高的韧性和较好的疲劳性能。TiGr 不仅从材料选用及结构设计方面考虑了快速发展的航空设备的各项要求，而且经过各种性能测试，证实其已充分满足了这些设备的要求。

TiGr 起初是针对航天设备（火箭燃料箱）的需求而开发，现已将该层板推广到飞机设备[49]。2004 年，波音公司将 TiGr 用于波音 787-8 梦想客机的主体结构（包括机身蒙皮和机翼蒙皮）。这是首次机身 FMLs 达到了 50%的材料用量，且机翼的 J-Nose 部分蒙皮采用了新型的 TiGr（树脂基体材料采用聚醚醚酮）[10]。TiGr 的这次应用标志着其已经进入了实际应用阶段。此外，TiGr 也成功应用于 V-22 飞机的舱门、波音 787 及大型民用机的机翼和机身蒙皮[46,58]。目前，由于 TiGr 的制造价格比较昂贵，因此该系列层板未实现商业化的应用。

1.3 纤维金属层板的力学性能研究现状

纤维金属层板材料的机械性能已成为许多大学、研究机构和航空航天企业的研究对象。静强度、疲劳性能和冲击性能是 FMLs 性能研究的主要方面[5]，本书主要介绍静强度和疲劳性能。GLARE 作为较新一代的商品化层板，其各方面性能较 ARALL 均有一定的提高，在实际工程应用中已经开始替代 ARALL。故目前纤维金属层板的研究工作主要是针对 GLARE 的研究。

1.3.1 弹性模量及应力分析

1. 弹性模量

对于纤维金属层板力学性能研究，无论研究哪方面力学性能都离不开层板的弹性模量及应力分析理论。纤维金属层板和纤维增强复合材料的弹性性能均可通过简单的复合材料细观力学理论进行计算求解。其中应用最普遍的求解复合层板弹性常数的理论是自洽模型和混合定律。

自洽模型认为代表纤维束方向的空间取向复合杆具有横观各向同性的性能[59]。其实现过程如下：首先，计算每根复合杆的局部刚度张量；然后，将求解的局部刚度张量转变成复合材料全局坐标轴下的刚度张量，如图 1.5 所示；最后，将转换的刚度张量根据它们的相对体积分数进行叠加，则可求解出复合材料的整体刚度张量。根据其实现过程可知，该模型忽略了界面的影响。

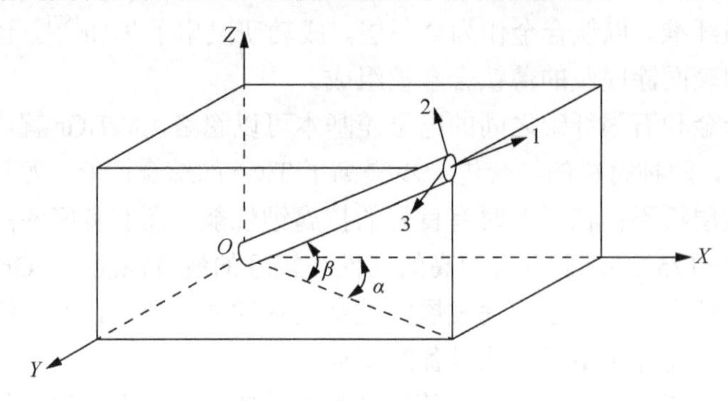

图 1.5　坐标转换示意图

Botelho 等[60]以单向玻璃纤维增强环氧树脂层板、单向碳纤维增强环氧树脂层板、GLARE（0°/90°）和 CARE（0°/90°）为例，采用上述细观力学方法分别对其层板的弹性模量进行计算。通过预测结果与试验结果对比，可知玻璃纤维和碳纤维增强复合材料的预测结果与试验结果吻合较好，GLARE 和 CARE 的预测结果与试验结果吻合情况稍差。原因如下：对于纤维增强环氧树脂材料，尽管复合材料细观力学方法没有考虑黏结面的影响，但单向复合材料的轴向弹性模量主要由纤维决定，对界面的影响并不敏感；而对于 GLARE 和 CARE，其模量不但受纤维/基体聚合物间黏结面的影响，还受到金属层和复合层间黏结面的影响。

混合定律是采用加权平均值的方法来预测纤维增强复合材料层板的多种性能[61-67]，如弹性模量等。如果平行于纤维方向的复合材料层板的模量为 E_{lam}，其表达式为

$$E_{\mathrm{lam}} = E_{\mathrm{f}} v_{\mathrm{f}} + E_{\mathrm{m}} \left(1 - v_{\mathrm{f}}\right) \tag{1.1}$$

式中，E_{f} 为纤维的弹性模量；v_{f} 为纤维的体积分数；E_{m} 为基体的弹性模量。该准则只考虑了增强纤维和基体本身的模量及纤维的含量，而忽略了其他因素的影响。

已有很多研究者基于混合定律对复合材料的弹性模量进行研究，如 Feng 等[61]、Virk 等[64]、Jacquet 等[66]。基于混合定律的弹性模量模型对于纤维增强树脂层板材料有一个很好的预测结果。根据混合定律推导情况可知，基于混合定律的弹性模量模型求解方法未能考虑到层板的铺层情况及层间界面影响。同时，纤维金属层

板结构的特殊性导致该模型对于铺层结构复杂的纤维金属层板的预测结果往往不大理想。

综上所述，对于自洽模型和混合定律，其推导过程均未考虑纤维金属层板层间界面的影响，以至于对于铺层结构复杂的纤维金属层板的预测精度不高，故对于纤维金属层板弹性模量评估的相关研究有待进一步深入，其解析模型的适用性有待进一步提高。

2. 应力分析

1）残余应力研究

纤维金属层板的制备需要通过固化的方式将每种组分材料黏结在一起。FMLs固化需要一个很高的温度。当冷却到室温时，由于热膨胀系数的不同，固化层板的各个层将产生残余应力[12]。如图1.6所示，FMLs在拉伸疲劳载荷下：在疲劳裂纹萌生阶段，层板中金属层的固化残余应力将影响其实际应力情况，增大金属层的拉应力，进一步加快裂纹的萌生；在疲劳裂纹扩展阶段，残余应力将影响裂纹尖端的受力情况，即增大裂纹尖端的应力强度因子，从而在一定程度上增加疲劳裂纹扩展的速率。此外，在静力拉伸载荷下，残余应力的存在也会增加金属层拉应力的大小，从而影响其拉伸强度。因此，对纤维金属层板来说，其残余应力的研究必不可少。

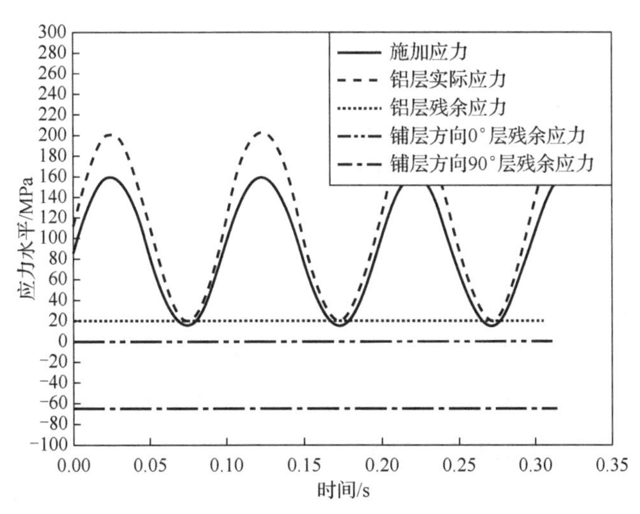

图1.6 铝合金层实际应力和每层材料残余应力

Oken等[68]基于复合材料在固化后其残余应力的自平衡原理，假设在降温过程中层板各组分材料的响应呈现弹性性能，并根据层板各组分材料的热膨胀系数差异，提出了一种目前应用最广泛的纤维金属层板中金属层残余应力$\sigma_{r,al}$的计算公式：

$$\sigma_{\mathrm{r,al}} = E_{\mathrm{al}}\left(1+\frac{E_{\mathrm{al}}t_{\mathrm{al}}}{E_{\mathrm{fm}}t_{\mathrm{fm}}}\right)^{-1}\left[(\alpha_{\mathrm{fm}}-\alpha_{\mathrm{al}})(T_{\mathrm{T}}-T_{\mathrm{C}})\right] \tag{1.2}$$

式中，E_{fm}、t_{fm} 分别为纤维树脂层的弹性模量和厚度；E_{al}、t_{al} 分别为层板内组分金属的弹性模量和厚度；T_{T}、T_{C} 分别为测试温度和层板固化温度；α_{al}、α_{fm} 分别为层板组分金属和纤维树脂层的膨胀系数。

Homan[69]以经典层板理论为基础，根据材料的本构关系，通过考虑固化过程中不同材料热膨胀系数对层板内力的影响，推导了纤维金属层板中每层材料的固化残余应力$\sigma_{c,p}$的表达式。该表达式为

$$\sigma_{c,p} = (S_{\varphi})_p(\varepsilon_c - \Delta T\alpha_p) \tag{1.3}$$

式中，$(S_{\varphi})_p$ 为每层材料在角度φ下的刚度矩阵；ε_c 为材料的固化应变；ΔT 为固化前后温度差；α_p 为每层材料的热膨胀系数。

Khan 等[15]在经典层板理论结合热膨胀理论的基础上进一步扩展，提出了一种新方法去计算拉伸前和拉伸后应力重分布时纤维金属层板各层的残余应力，其金属层残余应力$\sigma_{\mathrm{r,al}}$的表达式为

$$\begin{bmatrix}\sigma_1\\ \sigma_2\\ \tau_{12}\end{bmatrix}_{\mathrm{r,al}} = \begin{bmatrix}S_{11} & S_{12} & 0\\ S_{12} & S_{22} & 0\\ 0 & 0 & S_{66}\end{bmatrix}_{\mathrm{al}}\eta_{\mathrm{al}} \tag{1.4}$$

$$\eta_{\mathrm{al}} = \begin{bmatrix}\varepsilon_{1,\mathrm{pl}}\\ \varepsilon_{2,\mathrm{pl}}\\ 0\end{bmatrix}_{\mathrm{lam}} + \begin{bmatrix}S_{11} & S_{12} & 0\\ S_{12} & S_{22} & 0\\ 0 & 0 & S_{66}\end{bmatrix}^{-1}\sigma - \begin{bmatrix}1\\ 1\\ 0\end{bmatrix}\alpha_{\mathrm{al}}\Delta T - \begin{bmatrix}\varepsilon_{1,\mathrm{pl}}\\ \varepsilon_{2,\mathrm{pl}}\\ 0\end{bmatrix}_{\mathrm{al}} \tag{1.5}$$

式中，σ_1 为作用于层板材料 1 方向上的正应力；σ_2 为作用于层板材料 2 方向上的正应力；$\sigma=\sigma_i+\sigma_i^{\mathrm{T}}$，$\sigma_i$ 为作用于层板材料 i 方向的正应力，σ_i^{T} 为作用于层板材料 i 方向的热应力，$i=1,2$；S_{al} 为铝合金的拉伸刚度矩阵；S 为层板的拉伸刚度矩阵；$\varepsilon_{\mathrm{pl,al}}$ 为铝合金拉伸后应变；$\varepsilon_{\mathrm{pl,lam}}$ 为层板拉伸后应变；α_{al} 为铝合金的热膨胀系数；ΔT 为固化前后温度差。当无拉伸时，$\varepsilon_{1,\mathrm{pl}}$、$\varepsilon_{2,\mathrm{pl}}$ 均为 0，且$\sigma_i=0$；当拉伸后，$\varepsilon_{1,\mathrm{pl}}$ 为已知，$\varepsilon_{2,\mathrm{pl}}$ 可通过相应表达式进行求解，且$\sigma_i=0$。

Abouhamzeh 等[70]提出了一个解析模型来预测纤维金属层板固化过程中产生的残余应力。该模型基于经典层板理论，并引进了一个额外的参数，体现了刚度的变化及固化过程中化学收缩的情况，实现了自由状态及受限状态下层板残余应力的预测。

胡照会等[71]利用 ANSYS 软件对带有铝板的复合材料层板固化全过程残余应力进行数值模拟计算。在固化瞬态温度场模拟中，采用有限差分法考虑固化动力学模型和热-化学模型强耦合的关系；在残余应力数值模拟中，化学收缩引起的应变在每一计算步以初始应变施加在复合材料结构上。

郭亚军等[72]对 X 射线法、解析法（Oken-June 法）和腐蚀去层法获取的 GLARE 的残余应力结果进行了分析。结果表明，解析法和腐蚀去层法较准确，X 光衍射法相差较大，且分散性较大。

对于纤维金属层板，解析方法求解残余应力已进行较多研究，其中自由状态下残余应力求解的研究已相对成熟，并具有较高的预测精度；而拉伸后应力重分布时残余应力的研究，未考虑到组分材料塑性变形的影响，其预测精度不是很理想。用有限元法求解层板残余应力的研究并未成熟，有待进一步深入。层板残余应力测试方法已发展较多，但预测精度有一定差异，其中腐蚀去层法精度较高。

2）各层应力分析

纤维金属层板各层应力的分析对于层板的静强度和疲劳性能研究至关重要。在静强度研究中各层应力分析是判定每层材料失效的基础前提，在疲劳性能研究中每层材料应力分析是裂纹萌生寿命和裂纹扩展寿命预测的必要分析。故对纤维金属层板各层应力的研究必不可少。

对于复合材料层板，其多种性能都可基于经典层板理论进行求解，即通过对经典层板理论进行扩展或者修正来求解层板的各种材料性能[73-76]。调研发现，目前对于纤维金属层板基于层板理论求解各层应力的主要过程是相似的[77-81]，其步骤如下。

（1）层板及其组分材料的本构关系。

对于由平行金属和非金属材料组成的纤维金属层板，层板中所有组分材料的应力-应变本构关系如下：

$$\sigma_{\mathrm{met}}=S_{\mathrm{met}}\varepsilon_{\mathrm{met}}, \quad \varepsilon_{\mathrm{met}}=C_{\mathrm{met}}\sigma_{\mathrm{met}} \tag{1.6}$$

式中，σ_{met} 为金属层的应力张量；$\varepsilon_{\mathrm{met}}$ 为金属层的应变张量；S_{met} 为金属材料的刚度矩阵；C_{met} 为金属材料的柔度矩阵。

同样，层板的应力-应变本构关系如下：

$$\sigma_{\mathrm{lam}}=S_{\mathrm{lam}}\varepsilon_{\mathrm{lam}}, \quad \varepsilon_{\mathrm{lam}}=C_{\mathrm{lam}}\sigma_{\mathrm{lam}} \tag{1.7}$$

式中，σ_{lam} 为层板的应力张量；$\varepsilon_{\mathrm{lam}}$ 为层板的应变张量；S_{lam} 为层板的刚度矩阵；C_{lam} 为层板的柔度矩阵。

（2）层板的刚度矩阵求解。

层板的刚度矩阵 S_{lam} 和柔度矩阵 C_{lam} 分别如下：

$$S_{\mathrm{lam}}=\sum_{k=1}^{n}\left([S]_k\frac{t_k}{t_{\mathrm{lam}}}\right) \tag{1.8}$$

$$C_{\mathrm{lam}}=S_{\mathrm{lam}}^{-1} \tag{1.9}$$

式中，$[S]_k$ 是第 k 层材料的刚度矩阵；t_k 是第 k 层材料的厚度；t_{lam} 是层板的厚度。

（3）各层应力求解。

当层板受到外应力 σ_{far} 时，层板的应变为

$$\varepsilon_{\text{lam}} = C_{\text{lam}}\sigma_{\text{far}} \tag{1.10}$$

根据层板理论，层板的应变与金属层应变相同，则

$$\varepsilon_{\text{lam}} = \varepsilon_{\text{met}} \tag{1.11}$$

最后，金属层应力可表达为

$$\sigma_{\text{met}} = S_{\text{met}}C_{\text{lam}}\sigma_{\text{far}} \tag{1.12}$$

目前，对纤维金属层板中各层应力求解方法的研究主要基于两个方面。

第一，对组分材料本构关系的修正。即考虑到金属材料的塑性情况对其进行相应修正。如 Nowak[82]讨论了多层结构 GLARE 卸载过程中所观察到的几种非典型失效模式，针对 GLARE 受拉伸外载在卸载后外层铝层出现分层及屈曲且内层铝层未发生分层及屈曲的现象，基于经典层板理论，结合铝层的弹塑性模型，并采用 Hencky 变形理论和 Ilyushin 变形理论分析了金属塑性对于层板力学性能的影响，从而解释了多层结构层板发生的这种现象。Zheng 等[83]研究了碳纤维环氧树脂-铝合金圆柱体层板在内应力和残余应力作用下的弹塑性应力分析及损伤演化规律，利用经典层板理论实现了层板的弹性应力分析，同时采用幂硬化理论和 Hencky 方程进一步对层板的塑性应力进行分析，最后提出了一种通用的算法模拟层板的损伤演化和破坏强度。

第二，对层板刚度矩阵的修正。如孟维迎等[17]基于经典层板理论，通过引入层板等效刚度的概念，修正层板刚度矩阵（弹性模量）的计算方法，并采用数字光学应变测量仪对其模型进行了验证，实现了对纤维金属层板中金属层应力的更准确预测。

研究者对于初始状态下（应力重分布前），纤维金属层板各层应力的求解已进行大量研究。根据现有的、积累的研究成果，层板各层应力可基于经典层板理论通过修正组分材料本构关系进行求解，其研究已相对成熟，而基于经典层板理论通过修正层板刚度矩阵计算方法来求解各层应力的研究还相对较少。对于应力重分布后，纤维金属层板各层应力求解研究还处于初级阶段。其求解方法未能考虑到各组分材料性能退化的影响。

1.3.2 静强度性能

相对于其他传统的航空材料，新型的纤维金属层板近十几年已成为人们研究的一个热点。但纤维金属层板由于其自身结构的特殊性，既不同于各向同性的单一金属材料，也有别于各向异性的纤维增强复合材料，使得人们对其静强度性能的研究变得十分困难。为了更好地理解 FMLs 材料损伤形成、发展过程，以及损伤对剩余强度的影响，需要更多的努力和进行更多的工作。

1. 拉伸强度

纤维金属层板的拉伸性能受各组分材料的影响。例如，FMLs 材料的应力-应变行为在 2.0%应变内表现出明显的弹性响应（来自预浸料层和铝层性能），其韧性及缺口敏感性主要取决于铝合金应变塑性区的承载能力，以及层板其他性能等[60]。FMLs 材料和其母材的典型应力-应变关系如图 1.7 所示。高强度和高刚度的预浸料层与良好冲击性能的金属层的结合带来了更好的性能。对于 FMLs 材料，预浸料层和铝合金层之间的界面衔接在层板的拉伸应力转移中起着重要的作用[5]。

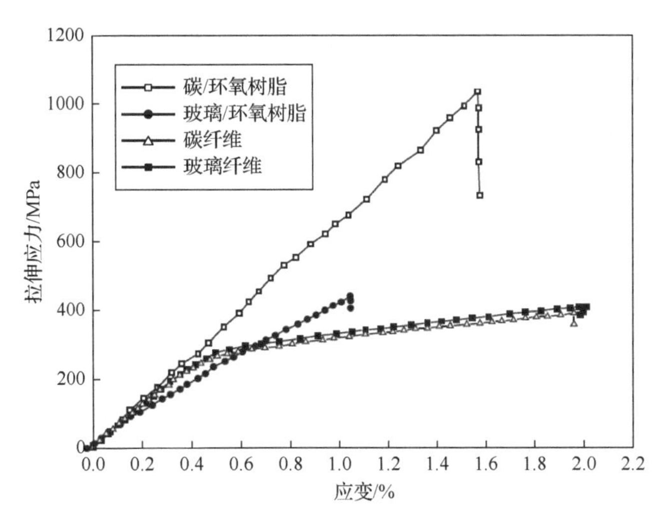

图 1.7 层板及组分材料拉伸行为

同大多数纤维增强复合材料相似，由于受纤维方向的影响，FMLs 的性能也具有方向性，如 ARALL 和 GLARE[84,85]。ARALL 的单向铺层使得预浸料层有一个高的纵向强度和一个低的横向强度，因此 ARALL 在纵向铺层方向上具有高于铝合金的极限拉伸强度，而在横向铺层方向上具有较低的极限拉伸强度。对于 GLARE，由于预浸料层有一个较低的弹性模量，故所有 GLARE 的弹性模量均比单片铝合金的弹性模量要小一些。与此同时，单向纤维 GLARE 性能同样具有强烈的方向性。层板在纤维方向上的强度和模量主要由预浸料层来决定，而层板在横向上的强度和模量由金属层来主导[86]。因此单向 GLARE 在纤维方向的拉伸性能优于单片铝板的性能，而单向纤维 GLARE 的横向性能往往较单片铝板性能低一些，如 GLARE 1、GLARE 2。正交纤维层的使用产生了横向及纵向性能相同的层板[28]。因此，正交铺层的 GLARE 的拉伸强度远优于铝板在横向及纵向方向，如 GLARE 3、GLARE 5。GLARE 4 是双向铺层，所以横向上的强度比铝板的高，但又因为两个方向纤维体积分数（2∶1）不等，所以仍是纵向强度比横向强度高[28]。

然而，低模量的预浸料层的使用导致 GLARE 屈服强度的降低，尤其是在横向方向。这是由于预浸料层有一个低的模量，使得层板金属层受到更大的应力。

FMLs 的拉伸失效过程非常复杂。GLARE 的断裂有多种断裂模式，如基体裂纹、纤维/基体剥离、纤维断裂、纤维/基体界面剪切失效和层板分层。在纵向拉伸加载下，纤维拔出和界面剪切失效是 FMLs 中纤维层常见的失效形式[77]。另外，金属层起到防止多层全局纵向断裂的作用。在横向拉伸载荷下，基体失效、基体纤维界面剥离和纤维分裂是 FMLs 中纤维层的主要断裂模式。

对于 FMLs 的拉伸强度的理论研究主要有解析法和有限元法。

1）解析法求解拉伸强度

目前为止，基于解析法求解纤维金属层板的拉伸强度的方法主要有金属体积分数理论和经典层板理论。

（1）金属体积分数理论计算拉伸强度。

金属体积分数（metal volume fraction, MVF）是由 Vlot 等[5]提出的理论。该理论可对单向铺层的纤维金属层板拉伸模量和强度进行预测。Vlot 等定义的 MVF 为

$$\mathrm{MVF}=\sum_{i}^{n}\frac{t_{\mathrm{al}}}{t_{\mathrm{lam}}} \tag{1.13}$$

式中，t_{lam} 为纤维金属层板的厚度；t_{al} 为单层铝合金板的厚度；n 为铝合金板的层数。在此定义的基础上，Vlot 等[5]进一步提出了 GLARE 拉伸性能的预测公式：

$$E_{\mathrm{lam}}=\mathrm{MVF}\times E_{\mathrm{met}}+(1-\mathrm{MVF})\times E_{\mathrm{FRP}} \tag{1.14}$$

$$\sigma_{0.2,\mathrm{lam}}=[\mathrm{MVF}+(1-\mathrm{MVF})\times\frac{E_{\mathrm{FRP}}}{E_{\mathrm{met}}}]\times\sigma_{0.2,\mathrm{met}} \tag{1.15}$$

$$\sigma_{\mathrm{t,lam}}=\mathrm{MVF}\times\sigma_{\mathrm{t,met}}+(1-\mathrm{MVF})\times\sigma_{\mathrm{t,FRP}} \tag{1.16}$$

式中，σ_{t} 为拉伸极限强度；$\sigma_{0.2}$ 为拉伸屈服强度；E 为拉伸模量；下标 lam 代表层板；下标 met 代表金属层；下标 FRP 代表纤维增强复合材料。

马宏毅等[87]在 Vlot 等的 MVF 理论基础上（仅适用于单向铺层的纤维金属层板），针对正交铺层的层板特点，对 Vlot 等提出的公式进行修正，进一步实现了两种不同铺层方式（纤维铺层方向为 0°/0°和 0°/90°）的 GLARE-3/2 层板拉伸性能的预测。其表达式为

$$E_{\mathrm{lam}}=\mathrm{MVF}\times E_{\mathrm{met}}+\alpha\times(1-\mathrm{MVF})\times E_{\mathrm{FRP}} \tag{1.17}$$

$$\sigma_{0.2,\mathrm{lam}}=[\mathrm{MVF}+\alpha\times(1-\mathrm{MVF})\times\frac{E_{\mathrm{FRP}}}{E_{\mathrm{met}}}]\times\sigma_{0.2,\mathrm{met}} \tag{1.18}$$

$$\sigma_{\mathrm{t,lam}}=\mathrm{MVF}\times\sigma_{\mathrm{t,met}}+\alpha\times(1-\mathrm{MVF})\times\sigma_{\mathrm{t,FRP}} \tag{1.19}$$

式中，α 为拉伸方向上的纤维体积分数；σ_{t} 为拉伸极限强度；$\sigma_{0.2}$ 为拉伸屈服强度；E 为拉伸模量；下标 lam 代表层板；下标 met 代表金属层；下标 FRP 代表纤

维增强复合材料。

王亚杰等[88]针对 GLARE 正交层板的特点，同时考虑两个铺层方向上纤维对整体性能的影响，并结合复合材料的弹性模量混合定律对 MVF 理论进行修正，准确预测了材料的弹性模量、屈服应力及拉伸强度。其表达式为

$$E_{\text{lam}} = \text{MVF} \times E_{\text{met}} + a \times E_{\text{FRP1}} + b \times E_{\text{FRP2}} \tag{1.20}$$

$$\sigma_{\text{t,lam}} = \left(\text{MVF} + a \times \frac{E_{\text{FRP1}}}{E_{\text{met}}} + b \times \frac{E_{\text{FRP2}}}{E_{\text{met}}} \right) \times \sigma_{\text{t,met}} \tag{1.21}$$

$$\sigma_{0.2,\text{lam}} = \left(\text{MVF} + a \times \frac{E_{\text{FRP1}}}{E_{\text{met}}} + b \times \frac{E_{\text{FRP2}}}{E_{\text{met}}} \right) \times \sigma_{0.2,\text{met}} \tag{1.22}$$

式中，$\sigma_{0.2}$ 为拉伸屈服强度；σ_{t} 为拉伸极限强度；E 为拉伸模量；下标 lam、met 分别代表层板和金属层；FRP1、FRP2 分别代表 0°、90°方向的纤维增强复合层；$a = t_{\text{FRP1}}/t_{\text{lam}}$；$b = t_{\text{FRP2}}/t_{\text{lam}}$，$t_{\text{FRP1}}$ 为 FRP1 材料的厚度，t_{FRP2} 为 FRP2 材料的厚度，t_{lam} 为层板的厚度。

基于混合定律的金属体积分数法实现了纤维金属层板拉伸性能的预测。但由于金属层存在弹塑性行为，单独的弹性分析不能准确地预测纤维金属层板材料的拉伸响应。因此，在合金层屈服以后，必须考虑纤维金属层板材料的非弹性变形行为。随着研究的不断深入，为了实现纤维金属层板应力-应变响应及变形行为的更准确预测，在解析模型和有限元模型中考虑金属材料屈服后的塑性行为和固化后的残余应力分布特征是一个重要的研究方向[89,90]。

（2）经典层板理论计算拉伸强度。

对于复合材料层板，其多种性能都可基于经典层板理论进行求解，即通过对经典层板理论进行扩展或者修正来求解层板的各种材料性能[73-76]。其中，纤维金属层板拉伸强度的求解亦是如此[76,91,92]。基于层板理论预测纤维金属层板拉伸强度的主要步骤[77-81]如下。

第一，根据经典层板理论，分析纤维金属层板各层应力情况。

金属层应力-应变本构关系：

$$\sigma_{\text{met}} = S_{\text{met}} \varepsilon_{\text{met}}, \quad \varepsilon_{\text{met}} = C_{\text{met}} \sigma_{\text{met}} \tag{1.23}$$

式中，σ_{met} 为金属层的应力张量；ε_{met} 为金属层的应变张量；S_{met} 为金属材料的刚度矩阵；C_{met} 为金属材料的柔度矩阵。

层板应力-应变本构关系：

$$\sigma_{\text{lam}} = S_{\text{lam}} \varepsilon_{\text{lam}}, \quad \varepsilon_{\text{lam}} = C_{\text{lam}} \sigma_{\text{lam}} \tag{1.24}$$

式中，σ_{lam} 为层板的应力张量；ε_{lam} 为层板的应变张量；S_{lam} 为层板的刚度矩阵；C_{lam} 为层板的柔度矩阵。

当层板受到外应力 σ_{far} 时，层板的应变为

$$\varepsilon_{\mathrm{lam}} = C_{\mathrm{lam}}\sigma_{\mathrm{far}} \tag{1.25}$$

根据层板理论，层板的应变与金属层应变相同，则

$$\varepsilon_{\mathrm{lam}} = \varepsilon_{\mathrm{met}} \tag{1.26}$$

最后，金属层应力可表达为

$$\sigma_{\mathrm{met}} = S_{\mathrm{met}}C_{\mathrm{lam}}\sigma_{\mathrm{far}} \tag{1.27}$$

第二，采用材料的失效判据，对材料的损伤状态进行判定。其中，金属层主要采用四大强度理论，预浸料层主要采用蔡-希尔（Tsai-Hill）理论及蔡-吴（Tsai-Wu）张量理论，对各层失效的情况进行分析。

第一强度理论认为，当满足以下条件时，材料发生破坏：

$$\sigma_1 > \sigma_{\mathrm{u}} \tag{1.28}$$

式中，σ_1为构件危险点处的最大拉应力；σ_{u}为材料最大拉应力。

第二强度理论认为，当满足以下条件时，材料发生破坏：

$$\sigma_1 - \mu(\sigma_2 + \sigma_3) > \sigma_{\mathrm{b}} \tag{1.29}$$

式中，σ_1、σ_2、σ_3为构件危险点处的主应力；μ为材料的泊松比；σ_{b}为材料最大拉应变时对应的应力。

第三强度理论认为，当满足以下条件时，材料发生破坏：

$$\sigma_1 - \sigma_3 > \sigma_{\mathrm{s}} \tag{1.30}$$

式中，σ_1、σ_3为构件危险点处的主应力；σ_{s}为材料的屈服极限。

第四强度理论认为，当满足以下条件时，材料发生破坏：

$$\sqrt{\frac{1}{2}[(\sigma_1-\sigma_2)^2+(\sigma_2-\sigma_3)^2+(\sigma_3-\sigma_1)^2]} > \sigma_{\mathrm{s}} \tag{1.31}$$

式中，σ_1、σ_2、σ_3为构件危险点处的主应力；σ_{s}为材料的屈服极限。

Tsai-Hill 理论认为，当满足以下条件时，材料发生破坏：

$$\frac{\sigma_1^2}{X^2} - \frac{\sigma_1\sigma_2}{X^2} + \frac{\sigma_2^2}{Y^2} + \frac{\tau_{12}^2}{S^2} \geqslant 1 \tag{1.32}$$

式中，σ_1、σ_2为构件危险点处的主应力；τ_{12}为平面剪切应力；X、Y、S 分别为经向强度、纬向强度和剪切强度。

Tsai-Wu 张量理论认为，当满足以下条件时，材料发生破坏：

$$\frac{1}{X_{\mathrm{t}}X_{\mathrm{c}}}\sigma_1^2 + \frac{1}{Y_{\mathrm{t}}Y_{\mathrm{c}}}\sigma_2^2 + \frac{1}{S^2}\tau_{12}^2 + \left(\frac{1}{X_{\mathrm{t}}} - \frac{1}{X_{\mathrm{c}}}\right)\sigma_1 + \left(\frac{1}{Y_{\mathrm{t}}} - \frac{1}{Y_{\mathrm{c}}}\right)\sigma_2 + 2F_{12}\sigma_1\sigma_2 \geqslant 1 \tag{1.33}$$

式中，σ_1、σ_2为构件危险点处的主应力；X、Y分别为经向强度、纬向强度；下标 t、c 分别代表拉伸和压缩情况；S为平面抗剪强度；F_{12}为材料交互系数。

第三，对于判断失效的各层材料，以刚度退化准则为标准进行材料性能的退化。当第二步判定材料发生失效后，该层材料刚度退化的情况分为完全退化形式和不完全退化形式。目前主要采用不完全退化准则。

对经典层板理论进行扩展或者修正来求解纤维金属层板的拉伸性能主要有两个研究方向：一种是修正层板各层材料的本构关系；另一种是修正层板各层材料的退化形式。其相关研究工作如下。

Cortés 等[78]对不同纤维方向的钛/单向 AS-4 碳纤维增强聚醚醚酮的片状树脂基复合材料层板进行了拉伸性能预测。通过考虑层板残余应力的影响对经典层板理论进行修正，并分别以 Tsai-Hill 理论和 Tsai-Wu 张量理论以及最大应力准则作为其失效准则，实现了该层板不同纤维方向的拉伸强度预测。然而，该模型没有考虑金属塑性阶段对层板刚度矩阵的影响。修正后的经典层板理论为

$$\left\{\sigma\right\}_{x,y}^{k}=\left\{\sigma^{\mathrm{TH}}\right\}_{x,y}^{k}+\left\{\sigma^{\mathrm{M}}\right\}_{x,y}^{k} \tag{1.34}$$

$$\left\{\sigma^{\mathrm{TH}}\right\}_{x,y}^{k}=S_{x,y}^{k}\left(\left\{\varepsilon^{0}\right\}_{x,y}+z\left\{\kappa\right\}_{x,y}-\left\{\alpha\right\}_{x,y}^{k}\Delta T\right) \tag{1.35}$$

$$\left\{\sigma^{\mathrm{M}}\right\}_{x,y}^{k}=S_{x,y}^{k}\left(\left\{\varepsilon^{0}\right\}_{x,y}+z\left\{\kappa\right\}_{x,y}\right) \tag{1.36}$$

式中，$\left\{\sigma\right\}_{x,y}^{k}$ 为层板中第 k 层在 xy 坐标系下的真实应力；$\left\{\sigma^{\mathrm{TH}}\right\}_{x,y}^{k}$ 为层板中第 k 层在 xy 坐标系下的残余热应力；$\left\{\sigma^{\mathrm{M}}\right\}_{x,y}^{k}$ 为层板中第 k 层在 xy 坐标系下的外载荷应力；$S_{x,y}^{k}$ 为层板中第 k 层在 xy 坐标系下的刚度矩阵；$\left\{\varepsilon^{0}\right\}_{x,y}$ 为 xy 坐标系下的中面应变；z 为第 k 层到中面的距离；$\left\{\kappa\right\}_{x,y}$ 为 xy 坐标系下的曲率；$\left\{\alpha\right\}_{x,y}^{k}$ 为层板中第 k 层在 xy 坐标系下的热膨胀系数；ΔT 为固化前后温度差。

Iaccarino 等[79]针对 GLARE 的拉伸应力-应变行为进行了预测研究。根据层板金属层中存在各向异性的情况，提出了采用等效理论来代替铝合金的塑性行为，以此修正了经典层板理论，同时金属层采用最大应变强度理论，预浸料层采用 Tsai-Hill 理论，实现了 GLARE 应力-应变关系预测。等效的金属本构关系为

$$\nu_{\mathrm{eq}}=\frac{1}{2}\left[1-\frac{E_{\mathrm{eq}}}{E_{\mathrm{al}}}\left(1-2\nu_{\mathrm{al}}\right)\right] \tag{1.37}$$

式中，E_{al} 为铝的弹性模量；E_{eq} 为铝的等效模量；ν_{al} 为铝的泊松比。

Chen 等[80]使用三参数正交各向异性塑性模型描述了金属层材料的塑性行为，以此修正了经典层板理论，并考虑了热应力的影响，实现了 ARALL 2-3/2 层板偏轴角度 0°、15°、30°、60°、90°的拉伸应力-应变曲线更准确的预测。

Wu 等[77]研究了 GLARE 4 和 GLARE 5 层板在平面载荷下非线性拉伸响应。通过考虑铝合金的弹塑性行为对经典层板理论的本构模型进行修正，实现了层板应力-应变响应的预测。层板在金属层处于弹性状态和塑性状态下的本构关系为

$$\mathrm{d}\sigma=\left[n^{\mathrm{Al}}h^{\mathrm{Al}}\left(C_{\mathrm{e}}^{\mathrm{Al}}\right)^{-1}+n^{\mathrm{c}}h^{\mathrm{c}}S^{\mathrm{c}}\right]\mathrm{d}\varepsilon \tag{1.38}$$

$$d\sigma = \left[n^{Al} h^{Al} \left(C_e^{Al} + C_p^{Al} \right)^{-1} + n^c h^c S^c \right] d\varepsilon \tag{1.39}$$

式中，$d\sigma$ 为层板的载荷增量；$d\varepsilon$ 为层板的应变增量；C_e^{Al} 为铝合金层在弹性状态下的柔度分量；C_p^{Al} 为铝合金层在塑性状态下的柔度分量；n^{Al} 和 n^c 分别为金属层和预浸料层的层数；h^{Al} 和 h^c 分别为金属层和预浸料层的厚度；S^c 为预浸料层的刚度矩阵。

Kawai 等[90]应用经典层板理论对 GLARE 2-3/2 层板的偏轴塑性行为进行描述。以 Tsai-Hill 准则为断裂判据，并考虑到纤维层横向破坏导致横向弹性模量和剪切模量的瞬时退化，建立了一个不完全刚度退化模型，准确地描述了 GLARE 2 层板的变形特性。他们提出的不完全刚度退化模型为

$$E_{11}^d = E_{11},\ E_{22}^d = 0,\ \nu_{12}^d = 0,\ G_{12}^d = 0 \tag{1.40}$$

式中，E_{11}^d 退化成新的 E_{11}，其他参数退化为 0。

Cortés 等[78]在研究不同纤维方向的钛/单向 AS-4 碳纤维增强聚醚醚酮的片状树脂基复合材料层板的拉伸性能时，提出预浸料层的刚度退化与加载角度有关，当加载角度小于等于 15°时退化刚度应取

$$E_1 = 0,\ E_{22}^d = E_{22},\ \nu_{12} = 0,\ G_{12} = 0 \tag{1.41}$$

式中，E_{22}^d 退化成新的 E_{22}，其他参数退化为 0。

当加载角度大于 15°时退化刚度应取

$$E_{11}^d = E_{11},\ E_2 = 0,\ \nu_{12} = 0,\ G_{12} = 0 \tag{1.42}$$

式中，E_{11}^d 退化成新的 E_{11}，其他参数退化为 0。

Rao 等[81,93]提出了一个通用的纤维金属层板结构的分析方法。该方法基于一个混合退化方案，认为各损伤层性能的退化情况与其相邻层状态有关。当两相邻层未发生损伤时，损伤层性能退化为 70%；当一个相邻层发生损伤时，退化为 50%；当两相邻层均发生损伤时，损伤层性能退化为很小值。与此同时，他们针对正交铺设的 GLARE 在平面应力不同角度加载下拉伸强度的预测问题，提出了一个解析模型。该模型以经典层板理论作为实现基础，基于 Tsai-Hill 理论提出了一种退化模型，实现了对材料的渐进破坏的评估。在模型中引入了适当的特征来区分基体破坏、纤维基体脱黏、纤维破坏和各向同性层的破坏。

Xia 等[94]在研究加载速率对 CARE 静力拉伸性能的影响时，结合威布尔分布函数提出了一种能够考虑加载速率影响的线性应变强化模型，实现了不同应变加载速率下 CARE 的拉伸应力-应变曲线的预测。

2）有限元法求解拉伸强度

相比解析法，有限元模型的发展目前还处于初级阶段。基于有限元法对 FMLs 材料进行分析通常有三种方法：①微观层面，纤维和基体作为独立的研究对象；②细观层面，每层材料作为独立的研究对象；③宏观层面，整个层板被作为一个

均质材料。目前，对于 FMLs 的有限元分析主要采用细观力学方法进行分析，即通过有限元计算软件（ANSYS、ABAQUS 等），选取合适的单元类型，定义相应材料属性及层间属性来模拟分析。

Wu 等[77]利用 ANSYS 软件实现了 GLARE 4-3/2 和 GLARE 5-2/1 层板单向拉伸情况的模拟。该模型单元类型采用 Shell 91，预浸料层的材料属性定义为均匀线弹性正交各向异性，金属层材料属性定义为服从冯米塞斯准则的双线性各向同性材料，强度准则采用最大应变准则，成功描述了层板的应力-应变响应及分层行为。

王亚杰等[88]利用 ABAQUS 软件对两种 GLARE 正交层板的拉伸力学行为进行模拟。在有限元模型中，铝合金板的变形行为定义为弹塑性变形，其单元类型采用 C3D8R 单元，预浸料层单元类型采用 SC8R 单元，使用 Hashin 渐进失效判据模型对纤维层进行渐进失效模拟，成功模拟了层板的应力-应变行为。

王时玉[9]利用 ABAQUS 软件实现了 GLARE 单向拉伸情况的建模。模型的金属层采用三维实体单元，局部采用 C3D20 六面体单元；其纤维层采用壳单元，其黏结界面采用内聚力单元。同时，金属层采用延性损伤破坏准则，纤维层采用 Hashin 准则，内聚力层采用二次名义应变准则，实现了对含有胶层和不含有胶层的 GLARE 拉伸性能的模拟。

Soltani 等[95]通过 ANSYS 软件研究了 GLARE 平面载荷下的非线性拉伸行为。该模型采用的单元类型为 SOLID 185（其中金属层为均匀结构体单元，预浸料层为层状结构体单元），其材料属性的定义考虑了预浸料层的各向异性及金属层的带有弹塑性性能的各向同性的情况，并利用接触单元的内聚力模型对相邻层间的黏结区域进行了适当模拟，从而实现了 GLARE 应力-应变曲线及分层行为的预测。分析发现，由于金属层与预浸料层的相互作用，GLARE 的拉伸应力-应变关系呈双线性；在相同层数的层板中，应力-应变曲线第二段的斜率与层板预浸料中纤维铺层方向有直接的关系。

赵丽[96]利用 ANSYS 软件建立了含孔 GLARE 的有限元分析模型，应用逐渐失效分析方法，对单向拉伸载荷下层板的应力-应变行为进行有限元数值模拟。该模型中，金属层定义为各向同性弹塑性材料，其屈服准则采用了冯米塞斯准则，预浸料层采用 Hashin 准则，但没有考虑界面损伤情况。

Chen 等[97]利用有限元软件对拉伸载荷下含缺口 GLARE 4B-4/3 及 CARE-3/2 层板的渐进损伤过程进行了模拟。模型中，金属层定义为各向同性弹塑性材料，其屈服准则采用了冯米塞斯准则，采用 Hashin 准则作为预浸料层的损伤判据，通过引入塑性能函数法对预浸料层进行表征来模拟其性能退化，界面损伤则采用内聚力模型进行模拟。

Du 等[98]用数值方法研究了钛/单向 AS-4 碳纤维增强聚醚醚酮的片状树脂基复合材料层板的开孔拉伸渐进损伤和破坏机制。在模拟过程中，采用三种失效判据，由金属层的延性损伤、预浸料层的应变渐进损伤和界面黏结层的内聚力模型来预测材料的失效。

对于纤维金属层板拉伸强度的理论研究，大多数都是以经典层板理论为基础展开的。但是由于纤维金属层板本身的复杂性、分散性，目前理论模型仅针对相应情况下的强度分析有一定的预测精度，还没有建立一个较为完善的通用理论体系来对纤维金属层板进行分析计算。对于纤维金属层板拉伸强度的有限元模型，其发展目前还处于初级阶段，对于不同层板的拉伸破坏还未能进行合理的描述。

2. 压缩强度

目前，关于 FMLs 压缩性能的研究十分有限，其中研究相对较多的层板是GLARE。FMLs 材料的拉伸性能受到各组分材料的影响。例如，文献[60]中 GLARE 的压缩强度小于 CARE 的压缩强度，这是由于玻璃纤维预浸料层与碳纤维预浸料层的刚度不同。同时，对于 FMLs 材料，预浸料层和铝合金层之间的界面衔接在层板的压缩应力转移中也起着重要的作用。FMLs 在压缩载荷下的损伤主要发生在增强层和纤维之间，这是该层板具有较低抗压强度的原因[99]。

在常温下几种 GLARE 的压缩性能（0.2%压缩屈服强度和压缩弹性模量）如表 1.3 所示[50]。由表中数据可知，GLARE 1、GLARE 3 和 GLARE 5 层板的 0.2%压缩屈服强度方向性不明显。所有层板中，纵向 0.2%压缩屈服强度普遍比铝板高，只有 GLARE 3-3/2 层板与 2024-T3 相近，GLARE 5-2/1 层板纵向压缩屈服强度低于 2024-T3。而对于横向 0.2%压缩屈服强度只有 GLARE 1 层板的强度优于铝板，其他所有层板都低于 2024-T3。GLARE 5 层板的压缩屈服强度要明显低于其他种类的 GLARE，这可能是由于铺层结果中纤维层数比例过多所致。与拉伸屈服强度相比，GLARE 的压缩屈服强度低于其拉伸屈服强度。仅 GLARE 1 层板的变化较大，GLARE 1 层板的拉伸屈服强度具有明显的方向性，但其压缩屈服强度方向性就不明显。各层板性能对比分析表明，压缩屈服强度对于层板的铺层及纤维方向是敏感的[28]。另外，尽管 GLARE 的压缩模量低于单片铝板，但 GLARE 在纤维方向上的比压刚度高于其铝合金。同时，GLARE 并不仅限应用于拉伸主导的情况，因为在压缩应力下玻璃纤维层没有发生微裂纹（芳纶纤维层会发生微裂纹）的倾向[20]。

表 1.3　常见 GLARE 的压缩性能

压缩性能	测试方向	GLARE 1		GLARE 2		GLARE 3		GLARE 4		GLARE 5	2024-T3（1.6mm 厚）
		2/1	3/2	2/1	3/2	2/1	3/2	2/1	3/2	2/1	
压缩屈服强度/MPa	纵向	447	424	390	414	319	309	349	365	283	304
	横向	427	403	253	236	318	306	299	285	280	345
压缩弹性模量/MPa	纵向	63	67	69	67	63	60	62	60	61	74
	横向	56	51	56	52	62	60	57	54	61	74

Verolme[100]较全面地研究了 GLARE 的压缩性能，测试了从 GLARE 1 到 GLARE 4 不同铺层方式（2/1、3/2、4/3）的层板及其各组分材料在纵向和纵-横向下的压缩行为，获得了不同 GLARE 各方向下的弹性模量、屈服应力、极限应力等参数。同时，基于简单模型——混合定律预测了层板的压缩弹性模量和屈服应力。

目前，对于 GLARE 的压缩性能及失效机制还尚未充分研究，其 FMLs 材料压缩性能的相关研究工作还需进一步发展。

对于纤维金属层板静强度理论的分析，人们大多数都是建立在经典层板理论的基础上的。但是由于纤维金属层板本身的复杂性、分散性，现在还没有建立一个较为完善的理论体系来对纤维金属层板进行分析计算。国内外学者对于纤维金属层板的拉伸性能、层间残余应力方面有了较深的研究，但是对层板的压缩性能及界面黏结强度的研究较少，对其影响因素还不是特别明确。

1.3.3 疲劳性能

疲劳是材料在循环加载下，某点或某些点产生局部的永久性损伤，并在一定循环次数后形成裂纹，或使裂纹进一步扩展直到完全断裂的现象。纤维金属层板作为航空结构材料，其疲劳性能尤显重要。纤维金属层板的金属层伴有抵抗裂纹增长的纤维，其优异的疲劳裂纹扩展性能主要是纤维桥接作用的结果。因此，相对于金属材料裂纹扩展寿命占总寿命比例较低，以致往往被忽略，纤维金属层板的疲劳总寿命中裂纹萌生阶段和疲劳扩展阶段寿命同样重要。

1. 纤维金属层板裂纹萌生寿命

纤维金属层板裂纹萌生主要取决于金属层的应力情况。目前，与传统航空材料铝合金相比，GLARE 的一个缺点是弹性模量较低[12]。S2 玻璃纤维有一个相对低的拉伸模量（仅仅比铝合金高一些），而环氧树脂有一个十分低的弹性模量，这使得 S2 玻璃纤维（预浸料）层的弹性模量比铝合金低。低模量的玻璃纤维层和铝层结合，不可避免地产生一个弹性模量低于单一铝合金的层板。在层板中，不同组分材料的各层有不同的刚度。在疲劳应力循环过程中，刚度更大的单层将受到更多的应力。金属层有一个比层板更大的刚度，这使得它有一个比给定应力更大的应力。高应力的出现导致了一个短的层板疲劳裂纹萌生寿命。

GLARE 的另一个缺点是残余应力的存在[69]。FMLs 的固化需要一个很高的温度。当冷却到室温时，由于热膨胀系数的不同，固化层板的各层将产生残余应力。同时，GLARE 金属层内的残余应力为拉应力。这使得增大了拉-拉疲劳下金属层的应力，同样导致了层板的裂纹萌生寿命缩短。因此，基于上述两个因素，疲劳裂纹萌生寿命在应力水平相同的情况下小于组分金属的裂纹萌生寿命。基于上述纤维金属层板裂纹萌生寿命的特点，许多研究者进行了相关工作的研究。

根据 FMLs 的裂纹萌生寿命仅仅取决于金属层应力循环的假设，Homan[69]进一步假设已知金属层的应力循环，通过金属层 *S-N* 曲线确定了疲劳裂纹萌生寿命。该预测方法基于经典层板理论且考虑了残余应力的影响，计算了金属层的应力情况，最后引入金属层应力历程到金属材料的 *S-N* 曲线中去预测层板的裂纹萌生寿命。Homan 分别对有/无缺口的 GLARE 3-3/2-0.3 和含缺口的 GLARE 4B-3/2-0.3 两种层板进行疲劳试验，通过预测结果与试验结果对比，验证了这一模型的有效性。

Spronk 等[33]修正了 Homan 方法的一些不足，提出了一个完整的方法去预测裂纹萌生寿命。该方法通过经典层板理论求得远程金属层应力，采用应力强度手册解和解析解相结合的方法估算了峰值应力，最后分别运用修正法和差值法引入峰值应力到单一金属材料的 *S-N* 曲线。与此同时，采用含缺口 GLARE 4B-3/2-0.3 层板的试验结果对该模型的有效性进行验证，结果表明该模型可以准确地预测裂纹萌生的周期数。

基于 Spronk 等描述的模型，Şen 等[101]结合遗传算法，以裂纹萌生寿命为目标函数，实现了纤维金属层板的优化设计。对于以上裂纹萌生模型，其准确性取决于所使用的金属材料 *S-N* 曲线情况，*S-N* 曲线的应力比越接近于所分析的 *S-N* 曲线，准确度越高。

Chang 等[102]从试验和解析方面研究了恒幅载荷下缺口 FMLs 离轴疲劳裂纹萌生行为。试验发现，离轴角度增加时，离轴的疲劳裂纹萌生寿命降低。这表明离轴情况提高了层板中铝层所受的应力水平，随后导致 Al 层中较早地开裂。Chang 等采用层板理论并结合基于能量的临界平面疲劳损伤的分析法预测了带凹口的 GLARE 4A-3/2 和 GLARE 5-2/1 层板离轴情况下疲劳裂纹萌生寿命，即通过引进层板金属层的应力水平和应变历程到 Varvani-Farahani 方法，获得了层板的裂纹萌生寿命。其中 Varvani-Farahani 方法是基于能量临界平面概念去计算缺口试样的疲劳裂纹萌生寿命 N_{f}，其表达式为

$$f\left(N_{\mathrm{f}}\right)=\left[\frac{\sigma_{\mathrm{f}}'}{E}\left(2N_{\mathrm{f}}\right)^{b_{\mathrm{axial}}}+\varepsilon_{\mathrm{f}}'\left(2N_{\mathrm{f}}\right)^{c_{\mathrm{axial}}}\right]+\left[\frac{\tau_{\mathrm{f}}'}{G}\left(2N_{\mathrm{f}}\right)^{b_{\mathrm{shear}}}+\gamma_{\mathrm{f}}'\left(2N_{\mathrm{f}}\right)^{c_{\mathrm{shear}}}\right] \tag{1.43}$$

式中，σ_{f}' 为轴向疲劳强度系数；$\varepsilon_{\mathrm{f}}'$ 为轴向疲劳延性系数；τ_{f}' 为剪切疲劳强度系数；γ_{f}' 为剪切疲劳延性系数；b_{axial} 和 b_{shear} 分别为轴向和剪切载荷的疲劳强度指数；c_{axial} 和 c_{shear} 分别为轴向和剪切载荷的疲劳延性指数。

同时，Chang 等[12]提出了一种基于经典层板理论结合小裂纹理论计算混合硼/玻璃/铝 FMLs 疲劳裂纹萌生寿命的分析方法，并通过对此 FMLs 材料进行疲劳测试，验证了该方法的有效性。其中，小裂纹扩展关系表达式为

$$N_{\mathrm{f}}=\int_{a_S}^{a_i}C_i\left(\Delta K_{\mathrm{eff}}\right)^{n_i}\mathrm{d}a \tag{1.44}$$

$$\Delta K_{\mathrm{eff}}=\left(\sigma_{\max}-\sigma_{\mathrm{op}}\right)\sqrt{\pi\left(a+\frac{\omega}{4}\right)}F\left(\frac{a+\omega/4}{w}\right) \tag{1.45}$$

式中，N_{f} 为材料的疲劳裂纹萌生寿命；ΔK_{eff} 为裂纹尖端有效应力强度因子幅；C_i 和 n_i 分别为每个线性段的系数和幂；a 为当前裂纹长度；a_i 为裂纹萌生长度；a_S 为小裂纹长度（6μm）；$\sigma_{\max}$ 为最大给定应力；σ_{op} 为裂纹张开应力；w 为试样宽度；ω 为塑性区尺寸；$F(a,w,\omega)$ 为纤维金属层板的边界修正因子。

滕奎等[103]对缺口GLARE和铝合金板的疲劳裂纹萌生性能进行了恒幅载荷下不同应力比的测试。分析发现：铝合金板和 GLARE 的疲劳裂纹萌生寿命的疲劳极限均随着载荷幅值的减小而增大，且其试验数据的分散性均不大；层板的裂纹萌生寿命要比铝合金板的裂纹萌生寿命低。

Vašek 等[104]使用光学显微镜和扫描电子显微镜研究了恒幅载荷下 GLARE 2 层板缺口试样的裂纹萌生。观察发现：层板表面金属层产生的疲劳裂纹要早于层板内部的金属层；各个金属层中疲劳裂纹开始单独扩展，其中内部金属层中裂纹数量最多，而表层金属层的裂纹增长更快。

2. 纤维金属层板裂纹扩展寿命

纤维金属层板作为航空结构材料，其疲劳性能尤显重要。纤维金属层板的金属层伴有抵抗裂纹增长的纤维，当疲劳裂纹在金属层中扩展时发生纤维桥接作用，从而降低了裂纹尖端应力强度因子，减缓裂纹扩展速率。对于纤维金属层板材料疲劳性能的研究表明：在桥接机制起作用之前，金属层应力起主要作用；桥接机制起作用之后，金属层应力和桥接应力共同起作用。纤维金属层板优异的疲劳裂纹扩展性能主要是纤维桥接作用的结果。

1）恒幅载荷下纤维金属层板裂纹扩展寿命预测模型

为了定量表征和预测纤维金属层板的疲劳裂纹扩展行为，各国研究者根据其裂纹扩展及分层扩展的相关研究结果，对预测模型进行了深入探索。目前，研究对象多集中于 ARALL 和 GLARE。恒幅载荷下纤维金属层板的疲劳裂纹扩展行为预测模型主要分为三类：唯象模型、基于断裂力学模型、有限元模型。

（1）唯象模型。

唯象模型是从工程角度出发，根据单一铝合金材料的裂纹扩展性能，通过采用一些修正因子来描述纤维金属层板的疲劳裂纹扩展行为。唯象模型主要包括应力强度因子修正模型、裂纹张开位移和桥接应力的线性关系、裂纹扩展速率和有效应力的关系、柔度法及等效裂纹长度等方法。

Toi[105]将 FMLs 看成统一的金属结构，并认为根据修正因子 β_{FML} 可以计算出 GLARE 的各个疲劳性能参数，从而提出了应力强度因子 $\Delta K_{\mathrm{Glare}}$ 修正理论。其表达式为

$$\Delta K_{\text{Glare}} = \beta_{\text{FML}} \Delta K_{\text{al}} = \beta_{\text{FML}} \beta_{\text{geom}} \Delta \sigma \sqrt{\pi a} \tag{1.46}$$

式中，β_{geom} 是几何修正因子；$\Delta\sigma$ 为施加在层板上的远程应力幅；修正因子 β_{FML} 为裂纹长度 a 的函数，其表达式为

$$\beta_{\text{FML}} = \frac{A}{a^3} + \frac{B}{a^2} + \frac{C}{a} + D \tag{1.47}$$

其中，参数 A、B、C、D 由 GLARE 2、GLARE 3 及 GLARE 4 层板的含贯穿裂纹的中心裂纹试样确定。然而 Toi 只是对一种铺层结构的 GLARE 2、GLARE 4 层板和两种铺层结构的 GLARE 3 层板进行了分析验证，并没有考虑层板铺层的影响或认为铺层结构对其不敏感。一些学者对这一观点提出质疑，指出修正因子 β_{FML} 不仅与裂纹长度有关，还与施加载荷、裂纹形态等因素有关。

Cox[106]提出了两种经验方法。一种方法认为：对于没有初始切口的裂纹扩展，应力强度因子会逐渐增加直至在某一值稳定，这是由于开始阶段纤维没有发挥桥接作用；对于有初始切口的裂纹扩展，在裂纹长度超过一定范围后应力强度因子逐渐减少直至在某一值稳定。故假设裂纹张开位移与桥接应力存在线性的关系：

$$p(u) = \beta u \tag{1.48}$$

另一种方法是根据经验认为施加应力与裂纹扩展速率 $\mathrm{d}a/\mathrm{d}N$ 存在一定的关系：

$$\frac{\mathrm{d}a}{\mathrm{d}N} = f_S \Delta \sigma_{\text{a}} \tag{1.49}$$

式中，$\Delta\sigma_{\text{a}}$ 为所施加的远程应力幅；f_S 为唯一的材料特征函数。然而，通过对 Toi 模型的讨论可知，FMLs 中金属层的裂纹扩展行为由很多参数共同决定，仅用一个函数 f_S 无法进行准确描述。

此后，Takamatsu 等[107]提出了用柔度法来实现 GLARE 中铝层裂纹尖端应力强度因子的计算。这种方法的理论基础是 GLARE 中铝层和铝合金板的裂纹扩展速率都是由其裂纹尖端的有效应力强度因子决定，并且两者的有效应力强度因子与裂纹张开位移有一个相似的关系。因此，柔度法得到的两种材料的裂纹尖端有效应力强度因子是相同的。然而，这就意味着应力强度因子仅与裂纹长度参数有关，同样不能对 FMLs 的裂纹扩展机制进行有效描述。

郭亚军等[24,108]根据 FMLs 疲劳裂纹稳定扩展的特性，提出了等效裂纹长度 l_0 的概念。根据裂纹扩展速率方程，FMLs 裂纹扩展时的有效应力强度因子幅 ΔK_{eff} 为常数，其表达式为

$$\Delta K_{\text{eff}} = \Delta \sigma \sqrt{\pi l_0} \tag{1.50}$$

式中，$\Delta\sigma$ 为远程应力幅。由于在疲劳过程中 ΔK_{eff} 为常数，所以等效裂纹长度 l_0 在疲劳过程中保持不变，为

$$l_0 = \frac{\gamma^2}{1/F^2 - \gamma^2/F_0^2}(a - a_s) \tag{1.51}$$

式中，F 为裂纹构形因子；F_0 为当疲劳裂纹长度与锯切裂纹长度相同时 F 的值；a 为裂纹长度；a_s 为锯切切口裂纹长度；γ 为纤维金属层板的归一化有效应力强度因子幅（层板内铝层受到的应力强度因子幅 ΔK_{eff} 与远程应力强度因子幅 ΔK 之比），其值可通过试验测得的裂纹扩展速率 $\mathrm{d}a/\mathrm{d}N$ 反推求得，即

$$\gamma=\frac{\Delta K_{\text{eff}}}{\Delta K}=\frac{\sqrt[n_1]{\mathrm{d}a/\mathrm{d}N}}{\sqrt[n_1]{C_1}\left(1-R_C\right)^{m_1-1}\left(F\Delta\sigma\sqrt{\pi a}\right)} \tag{1.52}$$

式中，C_1、n_1、m_1 为层极组分金属的裂纹扩展速率常数。

该模型以 FMLs 裂纹的稳定扩展特性为基础，通过理论推导构建而成。其实现既不需要分析层板的桥接应力，也不需要研究层板的分层扩展。然而，该模型的等效裂纹长度不仅与材料参数有关，还与几何参数有关（如试样宽度、裂纹长度和初始锯切切口尺寸等）。也就是说，对于不同材料、几何参数和结构特征的 GLARE，其等效裂纹长度也都不同。

张嘉振等[109]考虑到裂纹扩展预测的唯象方法忽略了拉-压载荷循环下压载对裂纹扩展速率的影响，通过结合唯象方法与增量塑性损伤理论，并引进铝合金疲劳裂纹扩展的压载效应，推导出了恒幅拉压循环加载下 GLARE（金属层采用 LY-12 铝合金）疲劳裂纹扩展速率的预测模型。

唯象模型基于解析运算，其实现有的计算工作量很小。故唯象模型使得纤维金属层板的疲劳裂纹扩展速率与寿命预测变得跟金属材料一样方便。然而，唯象模型的简单运算并不能很好地反映出纤维金属层板疲劳过程中的复杂机制。

（2）基于断裂力学模型。

基于断裂力学的模型是通过试验观察到的现象，并进一步应用理论方法，来分析纤维金属层板的疲劳裂纹扩展机制。基于断裂力学模型中较为典型的模型有 Marissen 模型、Lin-Kao 模型、郭-吴模型和 Alderliesten 模型。

Marissen[16]提出了一种二维分析方法，实现了 ARALL 的疲劳裂纹扩展行为的描述和预测。该模型采用 Paris 公式对 ARALL 的疲劳裂纹扩展行为进行描述，并认为外层铝板裂纹尖端的有效应力强度因子 K_{tot} 表达式为

$$K_{\text{tot}}=K_{\text{t,al}}+K_{\text{ad}} \tag{1.53}$$

式中，$K_{\text{t,al}}$ 是外层铝板的远程应力和固化残余应力共同作用产生的应力强度因子；K_{ad} 是胶黏剂层剪切变形引起的应力强度因子。同时，分层扩展速率 $\mathrm{d}b/\mathrm{d}N$ 通过能量释放率 G 进行表征，其表达式为

$$\frac{\mathrm{d}b}{\mathrm{d}N}=C_{\text{d}}\left(\sqrt{G_{\text{d,max}}}-k\sqrt{G_{\text{d,min}}}\right)^{n_{\text{d}}} \tag{1.54}$$

式中，C_{d}、n_{d}、k 为材料性能常数。为了便于模型的分析计算，Marissen 假设裂纹张开形状和分层形状均为椭圆形。

Marissen 认为，ARALL 的剪切变形是由芳纶纤维与铝层之间具有一定厚度的胶黏剂层引起的。然而，对于 GLARE，在纤维层与铝层之间没有该层材料。因此，该模型并不适用于 GLARE。

Marissen 模型虽然具有一定的局限性，但作为第一个系统的基于断裂力学的 FMLs 裂纹扩展模型，成功探索了疲劳裂纹扩展行为的力学原理，为后续分析预测模型的发展奠定了坚实的基础。

Lin 等[110]研究了 CARE 的裂纹扩展行为，并提出了一个简化的桥接边缘裂纹形式的预测方法。对于该层板的裂纹张开形状和分层形状，他们进行了与 Marissen 模型相同的假设——均为椭圆形，这导致在疲劳裂纹扩展阶段其桥接应力是恒定的。模型的有效应力强度因子 ΔK_{eff} 定义为

$$\Delta K_{\text{eff}} = K_{\text{tot,max}} - K_{\text{tot,min}} \tag{1.55}$$

式中，$K_{\text{tot}} = K_{\text{ex}} - K_{\text{r,a}}$，$K_{\text{ex}}$ 为铝层中的远场张开应力减去纤维桥接的闭合效应引起的应力；$K_{\text{r,a}}$ 为固化残余应力减去纤维桥接的闭合效应引起的应力。

Lin 等在有效应力强度因子定义中没有任何关于应力比的修正，仅仅是体现了裂纹闭合效应的影响。尽管他们在两种不同的应力比下进行了测试，但并没有给出任何关于应力比影响的结论以及在他们的模型中对应力比进行修正。此外，他们在纤维裂纹闭合应力的定义中没有考虑到任何胶黏剂层或预浸料层的变形，并在没有试验验证的情况下认为其在碳纤维金属层板的变形小于芳纶纤维金属层板。

对于式（1.55）中的总应力强度因子的定义，Alderliesten[41]认为如果 K_{tot} 定义为

$$K_{\text{tot}} = K_{\text{al}} - K_{\text{cl}} \tag{1.56}$$

式中，$K_{\text{al}} = f\left(\sigma_{\text{a}} + \sigma_{\text{r,a}}\right)$；$K_{\text{cl}} = f\left(\sigma_{\text{cl}}\right)$。这将会更有意义，因为远场张开应力是铝层应力与固化残余应力之和，可以由单一铝板的应力强度因子的表达式进行描述。同时，Alderliesten 指出，将胶黏剂层变形的影响结合到 Marissen 模型中，纤维层应变的表达式将会更加准确。

郭亚军等[111,112]在 Marissen 模型的基础上，发展了 GLARE 的疲劳裂纹扩展预测模型。根据裂纹张开位移，推导出桥接应力分布的控制方程，其表达式为

$$H_{ij}\sigma_{\text{br},j} = Q_i \tag{1.57}$$

$$Q_i = \frac{2\sigma_0}{E_{\text{lam}}}\sqrt{a^2 - x_i^2}\sqrt{\sec\frac{\pi a}{w}}, \quad H_{ij} = \left(P_i + D\right)\delta_{ij} + g_{ij}L_j \tag{1.58}$$

式中，$\sigma_{\text{br},j}$ 为第 j 个单元的桥接应力；σ_0 为层板的远程应力；E_{lam} 为层板的弹性模量；P_i+D、δ_{ij}、$g_{ij}L_j$ 分别为桥接纤维伸长、胶黏剂层的剪切变形和桥接应力引起的裂纹张开位移；a、w、x_i 分别为裂纹长度、裂纹张开位移中每个单元的宽度及该单元对应的裂纹长度。此外，该模型中分层扩展速率 $\mathrm{d}b/\mathrm{d}N$ 是采用 Walker 方程来表征的，其表达式为

$$\frac{\mathrm{d}b}{\mathrm{d}N}=C_2\left[\left(1-R_\mathrm{d}\right)^{m_2-1}\Delta\sqrt{G}\right]^{n_2} \tag{1.59}$$

式中，C_2、m_2、n_2为分层试验常数；R_d为考虑残余应力影响下分层扩展的有效应力比。在确定了桥接应力后，模型中裂纹尖端的有效应力强度因子K_eff可用权函数法求解，即

$$K_\mathrm{eff}=f\sigma_0\sqrt{\pi a} \tag{1.60}$$

式中，f为无量纲应力强度因子，可采用权函数法求解[113]。该参数是由桥接应力引起的应力强度因子和单位远程应力强度因子两部分组成。

由郭-吴模型可知，桥接应力情况主要取决于分层形状、尺寸以及初始锯切裂纹长度。此外，郭亚军等通过大量试验观察，发现 GLARE 在疲劳裂纹扩展过程中的分层形状更接近于三角形，故假设其分层形状为三角形来进行模型计算。他们提出的纤维桥接应力分布的计算模型是以普遍情况为基础，成功地对 Marissen 模型进行了实质性改进及发展[111,112]。

Alderliesten[8]在 Marissen 模型及郭-吴模型基础之上，针对 GLARE 发展了一种新的基于断裂力学的分析模型。该模型中采用与郭-吴模型相似的裂纹张开位移关系，其剪切变形表征为预浸料层的剪切变形（郭-吴模型沿用了 Marissen 模型中胶黏剂层剪切变形的计算方法）。此外，Alderliesten 改进了 Marissen 模型和郭-吴模型分层扩展的计算方法。Alderliesten 通过大量研究，认为该分层形状并不仅仅局限于椭圆形或三角形。因此，在计算桥接应力过程中，将分层形状定义为任意连续形状。实际的分层形状取决于裂纹区域真实桥接应力和试验获得的分层扩展性能。

Alderliesten 模型认为裂纹尖端的有效应力强度因子K_tot是桥接应力和远程应力共同作用的结果，其表达式为

$$K_\mathrm{tot}=K_\mathrm{farfield}+K_\mathrm{bridging} \tag{1.61}$$

式中，K_farfield为由远程应力引起的应力强度因子；K_bridging为桥接应力引起的应力强度因子。其表达式分别为

$$K_\mathrm{farfield}=\sigma_\mathrm{al}\sqrt{\pi a} \tag{1.62}$$

$$K_\mathrm{bridging}=2\sum_{i=1}^{N}\frac{\sigma_\mathrm{br,al}(l_i)w}{\sqrt{\pi a}}\frac{a}{\sqrt{a^2-l_i^2+b_i^2}}\left[1+\frac{1}{2}(1+\nu)\frac{b^2}{a^2-l_i^2+b_i^2}\right] \tag{1.63}$$

式中，σ_al为作用在金属层上的远程应力；l_i为裂纹上第i个点到锯切切口中心的距离；$\sigma_\mathrm{br,al}(l_i)$为$l_i$处的桥接应力；$a$为裂纹长度；$b_i$为分层尺寸；$\nu$为裂纹张开位移。

对于 Alderliesten 模型，其最大的优点是改进了分层扩展的计算方法，即通过力学模型获得分层形状。

此外，还有一些其他的相关研究。Rans 等[114]对 Alderliesten 模型在不同温度

下的预测性能进行了评估。评估的内容有金属层裂纹扩展速率、金属和纤维界面分层增长速率以及层板的残余应力。为了验证该模型在不同温度下的预测能力，分别对比了文献[115]、[116]中玻璃纤维增强铝合金层板在−30℃、20℃和70℃温度下疲劳裂纹扩展行为和碳纤维增强钛合金层板在23℃和120℃温度下的疲劳裂纹扩展行为。结果表明，该模型能够准确预测室温和高温下FMLs的裂纹扩展，但对于低温预测而言则过于保守。

Chang等[117]基于Paris公式预测了恒幅下GLARE 4A-3/2和GLARE 4B-3/2层板的裂纹扩展寿命。该模型根据远程应力强度因子对桥接应力强度因子进行归一化处理以计算出一个无量纲的桥接因子，通过求得的桥接因子对有效应力强度因子进行调整，从而实现了GLARE裂纹扩展寿命的预测。

（3）有限元模型。

相比以上两类模型，有限元模型的发展还处于初级阶段。目前，用于预测纤维金属层板疲劳裂纹扩展行为的有限元模型主要有Yeh二维有限元模型和Burianek全局-局部有限元模型。

Yeh[118,119]针对ARALL进行分析研究。该模型是由预浸料层的二节点桁架单元和铝合金的四节点平面应力单元组成，两者用特殊界面单元进行连接，并考虑到金属层与预浸料层存在分层，在分层尖端建立了六节点奇异性单元且周围围绕八节点等参单元。他发现应力强度因子和能量释放率均与分层尺寸无关，沿用了Marissen模型中关于分层边界处能量释放率的假设（能量释放率恒定）。然而，该模型仅适用于拉伸疲劳加载的情况。

Burianek等[120]研究了一种三维多级全局-局部有限元模型来预测碳/钛层板的疲劳裂纹扩展速率。全局模型中裂纹附近的位移和计算载荷将输入到局部模型，并采用虚拟裂纹闭合技术来计算裂纹尖端的有效应力强度因子。同时，由于在碳/钛层板裂纹扩展试验中发现其分层形状为三角形，故模型中分层形状采用三角形形式。Burianek等认为三维有限元模型考虑了平面应力和平面应变状态，因此比二维模型更为精确。为了验证Burianek模型是否适用于GLARE，Shim等[31]对其进行了相应修正，并将模型预测结果与试验数据进行对比。结果发现Burianek模型能够预测出内层铝合金层和外层铝合金层中裂纹尖端应力强度因子的差异（由Takamatsu等[107]在层中观察到的不同裂纹长度获得的结论），但采用Paris公式计算裂纹扩展速率时，预测结果并不准确。与此同时，Antonelli等[121]将该模型用于GLARE 3-3/2-0.3层板来预测其裂纹扩展，并将其预测结果与裂纹张开位移外推法获得的应力强度因子进行了比较。分析发现：对于内部铝层，两种方法的应力强度因子匹配良好，但表面铝层其差异高达11%。

此外，还有一些其他的相关研究。Yamaguchia等[57]提出了一种新的数值方法预测FMLs中的裂纹扩展。在模型中，采用黏性单元来表示由横向开裂和层间分层等组成的复杂损伤，用传统的损伤力学模型来表示由循环加载引起的黏性单元中的损伤增长，且用虚拟裂纹闭合法来计算钛层裂纹强度因子。以缺口钛/碳纤维增强复合层板为例，通过与试验数据进行对比，验证了其准确性。同时，考虑到纤维增强复合层的损伤情况，对金属板的裂纹扩展情况进行了补充分析。数值结果表明：在预测层板金属层裂纹扩展行为时，必须考虑纤维增强复合层中潜在的损伤模式。夏仲纯等[122]研究了 GLARE 在恒幅载荷下裂纹扩展问题。在铝层与预浸料层之间采用内聚力单元来模拟层间分层的现象，运用基于牵引-分离黏性单元的本构模型来模拟分层损伤，并采用虚拟裂纹闭合技术计算了等效应力强度因子。最后，采用等效 Paris 公式对裂纹扩展速率进行预测。

2）变幅载荷下纤维金属层板裂纹扩展寿命预测模型

在变幅载荷下纤维金属层板的疲劳裂纹扩展既存在桥接效应，又存在过载迟滞效应，两者之间相互耦合，使得变幅载荷下纤维金属层板的疲劳裂纹扩展行为机制更加复杂，增加了疲劳裂纹扩展与寿命预测的难度。目前，国内外对于其变幅载荷下疲劳裂纹扩展研究报道有限。

Plokker 等[39]采用线性累积损伤模型实现了典型过载情况下 GLARE 疲劳裂纹扩展速率的预测。结果对比发现，预测结果与试验结果吻合较差。这是因为在过载情况下 GLARE 发生了裂纹扩展迟滞效应，而该模型并没有考虑这种情况——过载交互作用。此外，在没有产生交互作用的压缩过载情况下，模型有一个较好的预测结果。

Khan 等[123]对 Wheeler 模型进行了相应修正，实现了变幅载荷下的 GLARE 疲劳裂纹扩展速率的预测。以 Wheeler 模型为基础，结合裂纹尖端塑性区来修正 Paris 公式，并考虑到应力比的影响及金属层裂纹尖端应力强度因子的组成，其修正的 Wheeler 模型的应力强度因子 ΔK_{eff} 表达式为

$$\Delta K_{\text{eff}}=\left(0.55+0.33R_{K_{\text{tip}}}+0.12R_{K_{\text{tip}}}^2\right)\left(1-R_{K_{\text{tip}}}\right)K_{\text{tip}_{\max}} \tag{1.64}$$

式中，$R_{K_{\text{tip}}}=K_{\text{tip}_{\min}}/K_{\text{tip}_{\max}}$ ； K_{tip} 为金属层裂纹尖端应力强度因子。

在一般过载情况下，修正的 Wheeler 模型能较为准确地进行预测。当大量过载的循环产生较大的裂纹尖端塑性区时，修正模型的预测结果与试验结果有一个较大差异。当载荷谱为陡谱时，该模型预测结果与试验结果吻合较好；当载荷谱为平谱时，其预测结果与试验结果差异较大。此外，Khan[124]还验证了 Corpus 模型对 GLARE 的适用性。相比于修正的 Wheeler 模型，在典型过载情况下 Corpus 模型有一个更为接近的预测结果，但在谱载下其模型有一个相差很远的预测结果。

吴学仁等[125]在研究 GLARE 疲劳损伤机理的基础上，通过分析变幅疲劳载荷条件下裂纹闭合效应对层板裂纹扩展速率与寿命的影响，基于建立的恒幅下裂纹扩展速率与寿命预测模型，他们提出了等效裂纹闭合模型。该模型利用特征参数来剥离分层扩展与桥接应力的影响，采用金属材料的裂纹闭合模型，实现了变幅载荷下 GLARE 裂纹扩展速率的定量预测。

3. 纤维金属层板疲劳总寿命

材料的疲劳总寿命是裂纹萌生寿命与裂纹扩展寿命之和。从国内外研究者对纤维金属层板疲劳性能的分析中可以看到，大多数研究者主要集中于层板疲劳裂纹扩展的分析研究。而 S-N 曲线由于需要大量的试验来完成 S-N 曲线的绘制，耗费人力、物力、财力，所以对此的研究还不是很多。

目前，仅有少数的研究者对层板疲劳总寿命进行了研究。其中 Kawai 等[126]在室温下研究了不同应力比对单向无缺口 GLARE 2-3/2 层板 9 种不同角度的偏轴恒幅疲劳行为的影响，其恒幅载荷应力比分别为 R=0.4, 0.2, −1。研究表明：无论纤维取向和应力比如何，离轴 S-N 曲线均为 S 形；无论纤维取向如何，随着应力比的增加，GLARE 2 层板的偏轴疲劳总寿命都会增加，疲劳强度极限也相应增加；无论纤维的取向如何，Goodman 的线性关系都可以近似拟合 GLARE 2 层板的恒幅疲劳总寿命数据。同时观察发现：偏轴角 θ=0°～15°时，GLARE 2 层板的疲劳断裂是由玻璃纤维增强复合层的疲劳破坏导致的；而偏轴角 θ=30°～90°时，层板的疲劳断裂是由铝合金层的疲劳破坏引起的。此外，通过使用 Tsai-Hill 准则对理论疲劳强度比进行修正，并推导了一个考虑应力比影响的疲劳损伤力学模型。其中，修正的疲劳强度比可以成功识别关于纤维取向的两个特征组中每组情况下的主 S-N 曲线关系，即该损伤力学模型描述了任意纤维取向且一定应力比范围内平均应力对 GLARE 2 层板偏轴疲劳性能的影响。

同时，Kawai 等[127]在室温下研究了变幅载荷对单向无缺口 GLARE 2-3/2 层板 9 种不同角度的偏轴疲劳行为的影响，其中变幅载荷形式为高低加载和低高加载。研究表明：对于递减序列加载，当前者的偏轴角度 $\theta \leqslant 15°$且后者的偏轴角度 $\theta >$ 20°时，其偏轴疲劳强度增加，同时递减序列加载的剩余疲劳寿命主要取决于应力幅的减小情况；对于递增序列加载，如果前者的循环周期数很小，则其任意角度的偏轴角都会导致其疲劳强度的增加，同时递增序列加载的剩余疲劳寿命由应力幅的增加情况和先前循环的周期数决定。此外，代表性损伤累积理论不能描述 GLARE 2 层板在两级疲劳应力水平下的历史相关疲劳行为，这反映出 GLARE 2 层板疲劳损伤累积过程不同于传统金属材料。

Dadej 等[128]在不同应力水平下针对单向无缺口 CARE 进行了应力比 R=0.1 的恒幅疲劳试验。试验研究发现，CARE 的疲劳性能可分为三种主要类型：①在高应力下，CARE 完全失效，即第一个较弱材料层疲劳失效后立即发生整体失效；②在中等应力下，金属层失效后复合纤维层将存在剩余疲劳寿命，此时残余材料层的静态拉伸强度以及其 S-N 曲线对于层板剩余疲劳寿命至关重要；③在低应力下，CARE 为无限疲劳寿命。针对金属层失效后剩余疲劳寿命的情况，分析了 FMLs 剩余疲劳寿命阶段出现的关键损伤机制，开发了使用层板组分材料的静态和疲劳性能预测 FMLs 的 S-N 曲线的唯象-数值模型。该模型考虑到各组分（金属和预浸料）发生破坏之前所发生的循环次数，可以精确地评估 FMLs 的 *S-N* 曲线。

王时玉[9]研究了两种 FMLs（有胶膜和无胶膜）在应力比为-1 和 0.1 时 *S-N* 曲线的关系，分析发现胶膜的存在反而降低了层板的疲劳性能。同时，利用 ABAQUS 软件对两种层板单向拉伸载荷下力学行为进行模拟，将获得的有限元仿真结果导入 MSC.Fatigue 软件，通过采用该软件疲劳寿命模块的寿命分析方法，以材料或零件的应力为基础，简单地预测了构件中出现较大的损伤或者破坏时的疲劳总寿命。

综上所述，对于疲劳性能分析，很多学者对纤维金属层板的疲劳裂纹扩展机制做了大量的工作并提出了各自的模型，但还没有一种模型能够完善地表述层板的疲劳裂纹扩展过程。一些学者对纤维金属层板恒幅下的疲劳裂纹萌生寿命进行了相关研究并提出了相应的模型，但也没有一种通用模型能准确地预测层板不同应力比下的裂纹萌生寿命。同时，对于层板疲劳总寿命的研究主要是以试验为主，目前其研究还处于初级阶段。

1.4 纤维金属层板的研究趋势

近几年来，国内外研究人员针对纤维金属层板仍继续开展研发工作，新型纤维金属层板正在向不同材料体系发展。其中，该层板的研究热点主要是热塑性树脂的应用和 GLARE 的改进[129,130]。虽然 GLARE 是目前应用最广泛且发展最成熟的纤维金属层板，但不高的使用温度及偏低的刚度限制了该层板的应用[10]。一方面，因其可设计性强、成形效率高和回收利用方便等优点，热塑性树脂已受到大量研究者和实际应用者的青睐，进而以该类树脂作为预浸料基体也成为此类层板的发展方向。另一方面，采用性能更优秀的铝锂合金或其他先进合金等金属材料取代 GLARE 中的 2024 铝合金，以此研发出新型的 GLARE 也是一个十分可行的研发思路。

1.4.1 热塑性纤维金属层板的研究趋势

传统的热固性树脂复合材料在固化成形时要求对其进行保温、保压，这一措施严重限制了该材料的生产效率，进而以该热固性树脂为预浸料基体的 ARALL 和 GLARE 的生产效率也受到了制约[10]。与之相比，以热塑性树脂为预浸料基体的 FMLs 的制备及成形只需要较短的时间，大大提高了 FMLs 的生产效率，进而降低了该层板生产成本。与此同时，热塑性 FMLs 材料的可回收性降低了其对环境的破坏，并提高了材料的利用率。除此之外，热塑性 FMLs 还具有良好的损伤修复性。

国内外已有一些研究者开始针对该类 FMLs 进行研究。Reyes 等[131]分别以两种类型的复合材料（自增强聚丙烯和玻璃纤维增强聚丙烯）增强铝合金层板为研究对象，通过拉伸和疲劳载荷下的性能测试，研究了两种类型层板的机械性能。Carrillo 等[132]针对复合材料（自增强聚丙烯）增强铝合金层板的尺寸效应对材料性能的影响进行了研究，即通过对三种不同的缩放方法制备的该类层板进行拉伸测试，重点研究了使用比尺模型法预测全尺层板行为的可行性。陈凯[42]以复合材料（碳纤维增强反应型聚酰亚胺）增强钛合金层板为研究对象，通过试验研究了温度对不同铺层的该类层板的基本力学性能影响、过载对该类单向 0°铺层层板的裂纹扩展速率影响以及温度对其单向 0°和±45°两种铺层层板的裂纹扩展速率影响。Cortés 等[133]分别针对两种类型的复合材料（碳纤维增强环氧树脂和玻璃纤维增强聚丙烯）增强镁合金层板进行了层间性能、弹性模量、拉伸强度、冲击性能和疲劳裂纹扩展速率试验，并研究了其性能的影响因素。Lee 等[134]对复合材料（自增强聚丙烯）增强铝合金层板的拉伸性能进行测试，并采用数值模型和解析法分别对其进行了预测。陶杰等[10]也针对 TiGr（树脂基体材料采用聚醚醚酮）进行了室温下的性能测试，试验研究表明：相比热固性 FMLs 材料，该层板也具有良好的基本力学性能和疲劳性能。

1.4.2 改进 GLARE 的研究趋势

GLARE 的改进及提高主要是采用先进合金代替 2024 铝合金，其主要发展趋势是铝锂合金材料的应用[10]。俄罗斯的全俄航空材料研究院采用 1441 铝锂合金成功取代 2024 铝合金，制造出了新型的 GLARE[135]。然而，由于不完善的铝锂合金薄板制造工艺，使得其制备的新型 GLARE 的性能并不理想（仅与传统 GLARE 的力学性能相近）[136]。近年来，一些研究者系统地开展铝锂合金薄板制造工艺（轧制、固溶、时效强化等）相关研究的同时，也针对新型 1441 铝锂合金 GLARE 的制备及性能进行了相关研究[137]，且其试验结果也较为理想。相比于 2024 铝合金，1441 铝锂合金有着时效温度敏感性，使其时效响应速率较快，同时变形也带来了显著的性能及组织变化，故需要精确地控制铝锂合金材料的预处理工艺。

目前，国内外已有一些研究者开始对该类新型 GLARE 进行研究。Li 等[137]采用适合的预处理工艺制备了 1441 铝锂合金新型 GLARE，并对其进行性能测试。试验研究表明：在相同制备条件下，相比于传统 GLARE，新型 GLARE 的力学性能更为优异。以 3/2 结构的 FMLs 为例，新型 GLARE 有更高的模量和更好的强度（其中弯曲强度和拉伸强度略有提升，而层板模量显著增加了 8%～12%）；新型 GLARE 还表现出了更好的抗冲击性能及良好的抗裂纹扩展性能。研究者不仅研究了采用铝锂合金制备新型 GLARE，也尝试使用其他金属制备 GLARE（如镁合金等）。秦杰[138]针对玻璃纤维增强镁合金层板进行了相关的研究，通过试验重点研究了镁合金的表面处理对该层板拉伸剪切性能的影响，以及层板热成形工艺对其力学性能的影响。

综上所述，对新型纤维金属层板材料性能的研究仍处于初级探索阶段。对于该类层板，持续完善的性能评价体系和不断深入的损伤理论研究将带来其预测性和设计性的进一步提升。因此，为了进一步研发新型纤维金属层板及实现其实际工程应用，需要更多的国内外学者进行更多相关研究。

第2章

纤维金属层板疲劳性能试验研究

2.1 概述

本书涉及的主要试验为材料疲劳裂纹扩展试验及材料 *S-N* 曲线试验。为了研究纤维金属层板在不同过载条件下疲劳裂纹扩展行为，分析过载因素对纤维金属层板疲劳裂纹扩展影响机理，以构建层板裂纹扩展寿命预测模型，需要将纤维增强铝锂合金层板（2/1 结构）在恒幅载荷（应力比为 R=0.06）和典型过载条件（单峰拉伸过载及单峰压缩过载）下的疲劳裂纹扩展速率变化特征进行分析。为了研究纤维金属层板在不同加载条件下疲劳性能特点，分析单一金属板与其纤维金属层板疲劳性能关系及过载因素对纤维金属层板疲劳总寿命影响机理，以探索构建层板疲劳总寿命预测模型的方法，需要将铝锂合金板、纤维增强铝锂合金层板（2/1 及 3/2 结构）在恒幅载荷（应力比为 R= 0.06）和典型过载条件（周期单峰拉伸过载、周期单峰压缩过载及周期高低加载）下的疲劳总寿命特征进行分析。此外，为实现纤维金属层板的性能研究，纤维金属层板金属层应力的确定至关重要。为了精准测量及预测层板金属层应力分布情况，分析层板各组分材料在外载荷下应力分布特征，需要采用一种新测量方法——数字图像关联技术来实现纤维金属层板中金属层应变的在线测量。

因此，根据研究需求，本书进行的疲劳裂纹扩展试验包括纤维增强铝锂合金 2/1 层板恒幅 R=0.06 下的疲劳裂纹扩展试验、单峰拉伸过载下的疲劳裂纹扩展试验及单峰压缩过载下的疲劳裂纹扩展试验，本书进行的 *S-N* 曲线试验包括纤维增强铝锂合金板（2/1 及 3/2 结构）在恒幅 R=0.06 下的疲劳总寿命测试及变幅载荷（周期单峰拉伸过载、周期单峰压缩过载及周期高低加载）下的疲劳总寿命测试、组分金属板在恒幅 R=0.06 下的疲劳总寿命测试及变幅载荷（周期单峰拉伸过载、周期单峰压缩过载及周期高低加载）下的疲劳总寿命测试。本章详细叙述了试验所用材料及其基本力学性能、本书所涉及试验的研究方案和试验结果的表达方式。

2.2 试验材料及其制备、检测

2.2.1 试验材料

1. 铝锂合金板

铝锂合金材料是把世界上最轻的金属元素——锂（Li，密度仅为 0.534g/cm^3）添加到金属铝中形成的一种合金材料。锂元素的加入降低了合金的比重，增加了材料的刚度，并保持了材料较高的强度、较好的疲劳性能以及良好的延展性等性能。在铝合金中，每增加 1%（质量分数）的锂，可降低 3%的合金密度，提高 6%的弹性模量，且具有媲美 2024、7075 等铝合金的强度。相比常规的铝合金，铝锂合金可减少 10%～15%的质量，提高 15%～20%的刚度。基于这些性能特点，这种新型的合金材料受到了航海、航空以及航天领域的广泛关注。

试验用铝锂合金为 2060-T8 铝锂合金，名义厚度为 2mm，实测厚度为 1.98mm。其中 2060-T8 铝锂合金的化学成分（质量分数）为 0.617%Li、3.469%Cu、0.716%Mg、0.326%Zn、0.271%Mn、0.249%Ag、0.102%Zr、0.026%Fe、0.016%Si，其余为 Al。

根据《金属室温拉伸试验方法》（HB 5143—1996）[139]标准，对铝锂合金板进行拉伸性能测试（轧制方向）。由于合金板材料与组成层板的合金材料相同，故在此统一表示。材料性能测试结果见表 2.1。

表 2.1　铝锂合金材料力学性能

材料类别	弹性模量 E /GPa	泊松比	拉伸强度 σ_b /MPa	屈服强度 σ_s /MPa	断裂延伸率/%
铝锂合金	72.4	0.3	483	441	8

2. 玻璃纤维预浸料层

玻璃纤维预浸料层由 SY-24/S4C9-1200 材料组成，其中包括高强 S4 纤维和 SY-24 胶黏剂。玻璃纤维预浸料层的名义厚度为 1mm，实测厚度为 0.99mm。对于 S4 纤维，纱线拉伸断裂强度均值≥780MPa，浸胶纱强度均值≥3000MPa，可燃物质量分数 0.65%～1.25%，含水率≤0.2%，纤维体积分数为 74.7%；对于 SY-24 胶黏剂，拉伸剪切强度均值≥30MPa，剥离强度均值≥6kN/m。

根据《定向纤维增强聚合物基复合材料拉伸性能试验方法》（GB/T 3354—2014）[140]标准，对单向玻璃纤维复合材料进行拉伸性能测试（纤维方向）。材料性能测试结果见表 2.2。

表 2.2 玻璃纤维预浸料力学性能

材料类别	弹性模量 E /GPa	泊松比	拉伸强度 σ_b /MPa	屈服强度 σ_s /MPa	断裂延伸率/%
预浸料	54.6	0.252	1735	—	—

3. 玻璃纤维增强铝锂合金层板

试验用玻璃纤维增强铝锂合金层板为 2/1 及 3/2 铺层结构。2/1 层板由两层铝锂合金板和一层纤维预浸料层铺放而成，3/2 结构层板由三层铝锂合金板和两层纤维预浸料层铺放而成。2/1 层板及 3/2 层板结构如图 2.1 所示。其中铝锂合金板采用 2060-T8 铝锂合金，其厚度与合金板厚度相同。铝锂合金板的取样方向为材料的纵向，纤维预浸料的铺层方向为 0°。

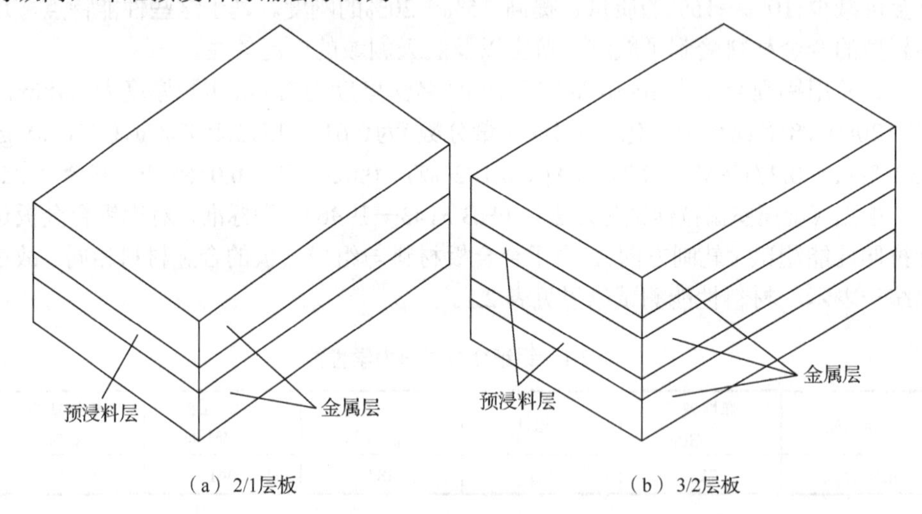

图 2.1 不同层板结构示意图

在纤维金属层板裂纹萌生及裂纹扩展过程中，金属层的实际应力情况及裂纹尖端的受力情况均受到固化残余应力的影响。因此，对纤维金属层板残余应力的测定十分必要。纤维金属层板的高温固化过程导致层板各组分材料产生不同的残余应力，其中金属层为拉应力。采用射线式残余应力测量仪，对纤维金属层板中金属层的残余应力进行测量，其残余应力值见表 2.3。

表 2.3 玻璃纤维增强铝锂合金层板中金属层残余应力值

材料类别	残余应力 σ_r /MPa
2/1 层板	62.50
3/2 层板	60.20

2.2.2　层板制备工艺及检测方法

本试验用的玻璃纤维增强铝锂合金层板由哈尔滨工业大学制备。该层板采用湿法制造法制造，制备流程如图 2.2 所示。其中，铝锂合金黏结面的金属表面采用磷酸阳极化法进行表面处理，制备的固化温度为 150℃。固化后的 2/1 层板平均厚度为 5.15mm、3/2 层板平均厚度为 7.80mm。

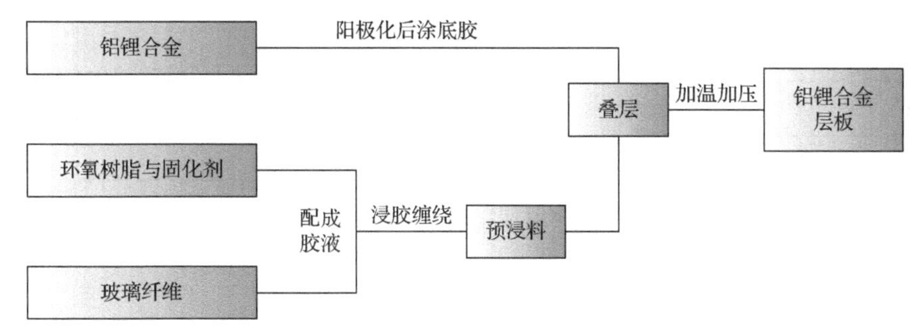

图 2.2　层板的制备工艺流程

对制备好的玻璃纤维增强铝锂合金层板进行超声 C 扫描检测，如图 2.3 所示。结果显示，金属层与预浸料层界面结合状态良好，铺层质量合格，可以对其进行试验测试。

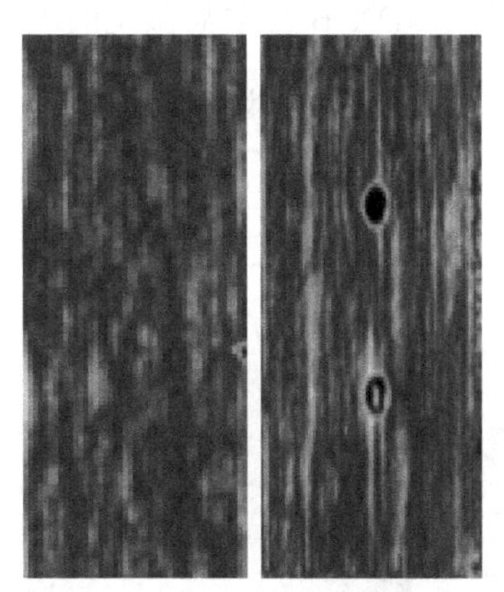

图 2.3　层板光滑及含孔部位超声 C 扫描情况

2.3　疲劳裂纹扩展速率试验

2.3.1　试样形式

玻璃纤维增强铝锂合金 2/1 层板疲劳裂纹扩展试验采用中心裂纹拉伸 M（T）试样作为裂纹扩展测试试样。试样长为 270mm，宽为 75mm，中心圆孔直径为 3mm，

锯切切口 $2a_0$=10mm，试样形式如图 2.4 所示。

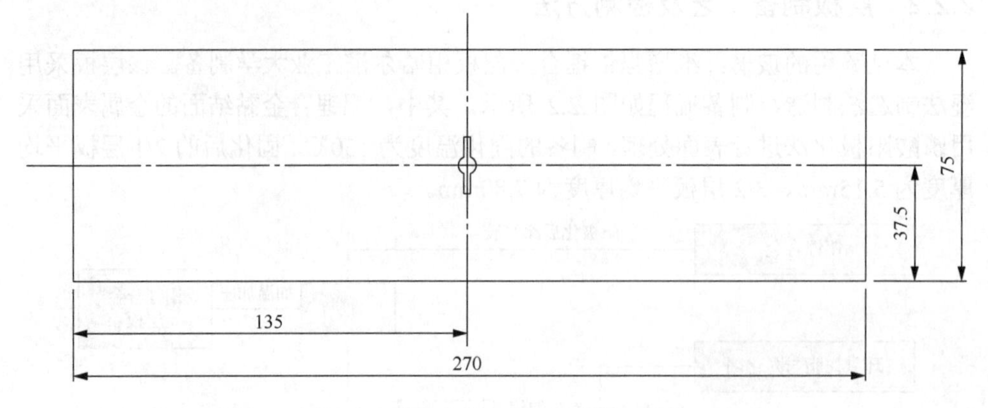

图 2.4 层板中心裂纹拉伸 M（T）试样（单位：mm）

2.3.2 试验设备

本节的试验研究主要采用 SHIMADZU 低频疲劳试验机及 20 倍的 JDX-B 移动显微镜设备。SHIMADZU 低频疲劳试验机采用电液伺服控制系统，试验机可以实现恒幅加载及常规变幅加载。该设备由国家法定计量部门检定合格，且在有效期内。实验室定期对试验设备进行维护和检定，保证设备正常运行。其设备参数见表 2.4，设备如图 2.5 所示。JDX-B 移动显微镜的测量精度为 0.01mm。

表 2.4 设备参数

测量范围/kN	动态误差/%	静态误差/%
±100	<±3	<±0.5

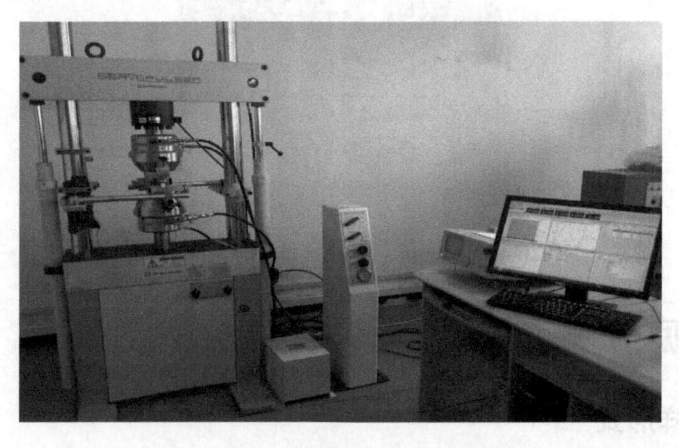

图 2.5 SHIMADZU 低频疲劳试验机

2.3.3　试验方案

试验参照《金属材料　疲劳试验　疲劳裂纹扩展方法》（GB/T 6398—2017）[141]标准执行。试验对象为纤维增强铝锂合金 2/1 层板，试验在室温空气环境下进行，正弦波加载，试验频率为 10Hz。加载频率的选取原则：保证试样有充足的响应，试样反馈载荷（即试样真实承受的载荷）与给定载荷的峰值、谷值一致。如果不能保持试验平稳，可以适当降低频率。试验加载方式为恒幅 R=0.06、拉伸过载（R_{ol} =1.4 和 1.8）、压缩过载（R_{ol}=－0.6 和 –1.8），其中过载位置为 a_{ol} =15mm。过载载荷加载方式（以基准应力 S_{max} =110MPa 为例）示意图如图 2.6 所示，当裂纹在恒幅载荷下扩展至指定裂纹长度 a_{ol} 时，按照过载比 R_{ol} 施加一个相应大小的载荷 $S_{ol} = R_{ol} \times S_{max}$，此后继续进行恒幅裂纹扩展试验。在恒幅载荷下，裂纹长度的测量间隔为（0.5±0.1）mm；在过载下，在裂纹迟滞扩展区域内，其测量间隔不超过 0.2mm，其余区域测量间隔与恒幅相同。

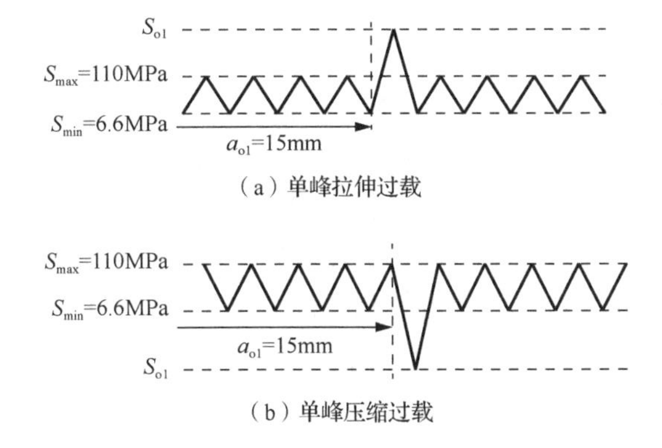

（a）单峰拉伸过载

（b）单峰压缩过载

图 2.6　过载载荷加载方式示意图

2.3.4　试验过程

试验步骤如下。

（1）试验开始前，检查试样表面状态，如工作段是否有划伤、缺陷等异常情况。

（2）试验前测量试样厚度和宽度，厚度测量量具精度不低于 0.01mm，宽度测量量具精度不低于 0.02mm，所使用量具定期校验。

（3）测量试样尺寸时，以 3 次测量的均值计。

（4）计算试验载荷：试验载荷为试验应力与试样毛截面面积的乘积，毛截面面积为试样实际测量宽度与厚度的乘积。

（5）用显微镜目测法观察一侧（右侧）裂纹长度。

（6）试验预置裂纹长度在 1.5～2mm。

（7）试验记录项目包括试样编号、宽度、厚度、频率、应力比、应力水平、最大载荷、最小载荷，同时在试验过程中记录不同循环次数所对应的裂纹长度值，即 a-N 数据。试样最终的失效形式如图 2.7 所示。

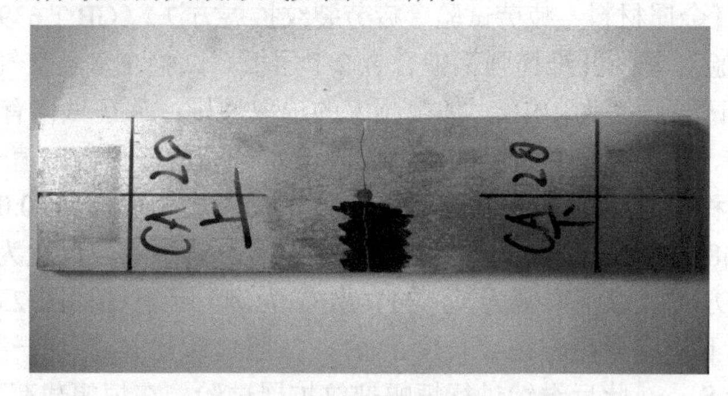

图 2.7 纤维增强铝锂合金 2/1 层板裂纹扩展试样失效形式

2.3.5 试验数据处理及表达方式

1. 疲劳裂纹扩展速率 $\mathrm{d}a/\mathrm{d}N$ 计算方法

通过拟合 a-N 曲线求导的方法计算获得疲劳裂纹扩展速率 $\mathrm{d}a/\mathrm{d}N$ 。裂纹长度 a 可采用割线法和递增多项式法计算获得。由于割线法拟合出的试验数据能够更为真实地反映出试验结果的变化趋势，且在试验数据点较少的情况下，可以确保获得多个有效数据点。故本书采用割线法表示疲劳裂纹扩展速率 $\mathrm{d}a/\mathrm{d}N$ 。

割线法是通过 a-N 曲线计算连接相邻两个试验数据点的直线斜率，其疲劳裂纹扩展速率 $\mathrm{d}a/\mathrm{d}N$ 计算式如式（2.1）所示[141]：

$$\frac{\mathrm{d}a}{\mathrm{d}N}=\frac{\Delta a}{\Delta N}=\frac{a_{i+1}-a_i}{N_{i+1}-N_i} \tag{2.1}$$

式中，a_i 为循环次数为 N_i 时的裂纹长度。

2. 应力强度因子范围 ΔK 的计算方法

根据《金属材料　疲劳试验　疲劳裂纹扩展方法》（GB/T 6398—2017）[141] 标准中规定的不同形式试样，其应力强度因子范围 ΔK 有不同的计算方法。对于 M（T）试样，其裂纹尖端应力强度因子范围 ΔK 的表达式为

$$\Delta K=\frac{\Delta\sigma}{B}\sqrt{\frac{\pi\alpha}{2W}\sec\frac{\pi\alpha}{2}} \tag{2.2}$$

式中，$\Delta\sigma$ 为载荷范围；W 为试样宽度；B 为试样厚度；α 为裂纹长度与试样宽度的比值［对于 M（T）试样，$\alpha=2a/W$ ］。

3. 材料常数的计算方法

采用 Walker 方程描述材料稳态裂纹扩展阶段疲劳裂纹扩展速率 $\mathrm{d}a/\mathrm{d}N$ 与应

力强度因子范围 ΔK 的关系[142]，其表达式为

$$\frac{\mathrm{d}a}{\mathrm{d}N}=C_1\left[\left(1-R\right)^{m_1-1}\Delta K_{\mathrm{eff}}\right]^{n_1} \tag{2.3}$$

式中，a 为裂纹长度；N 为应力循环次数；R 为当前加载应力比；C_1、m_1、n_1 为裂纹扩展常数。

采集全部有效 $\mathrm{d}a/\mathrm{d}N$-ΔK 数据，对 Walker 方程两边取对数，则有

$$\lg\left(\frac{\mathrm{d}a}{\mathrm{d}N}\right)=\lg C_1+n_1\left(m_1-1\right)\lg\left(1-R_C\right)+n_1\lg\left(\Delta K_{\mathrm{eff}}\right) \tag{2.4}$$

由式（2.4）可见，$\mathrm{d}a/\mathrm{d}N$-ΔK 试验数据在双对数坐标系下呈线性关系，采用最小二乘法对指定的 $\lg\left(\mathrm{d}a/\mathrm{d}N\right)$-$\lg\left(\Delta K\right)$ 数据进行线性拟合。

2.4　S-N 曲线试验

2.4.1　试样形式

铝锂合金板及玻璃纤维增强铝锂合金层板 S-N 曲线试验采用平板开孔试样作为疲劳总寿命测试试样。试样长为 230mm，宽为 25mm，圆孔直径为 4mm，两圆孔空心距离为 25mm，试样形式如图 2.8 所示。其中铝锂合金板、2/1 层板及 3/2 层板的净截面应力集中系数分别为 2.60、2.57 和 2.56。

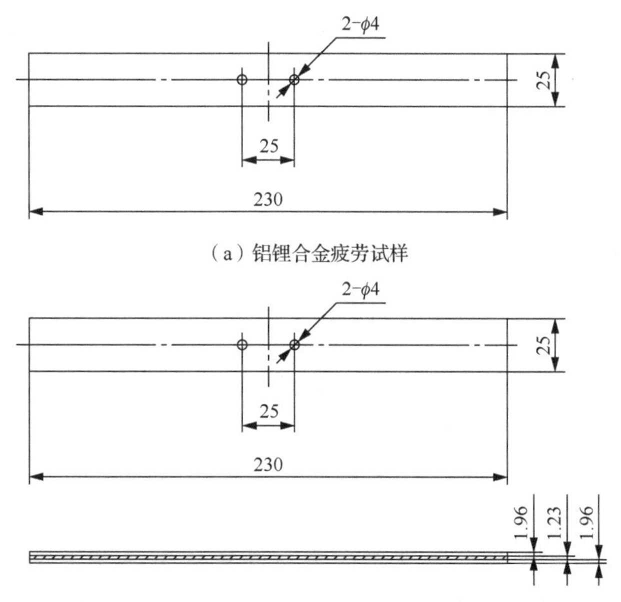

（a）铝锂合金疲劳试样

（b）纤维增强铝锂合金2/1层板疲劳试样

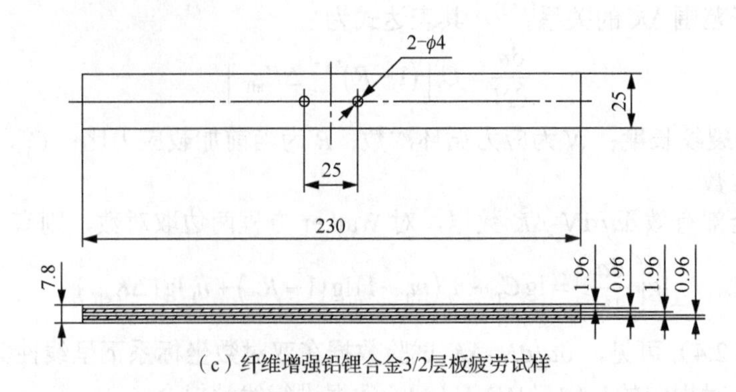

（c）纤维增强铝锂合金3/2层板疲劳试样

图 2.8 不同种类材料试样（单位：mm）

2.4.2 试验设备及方案

本试验研究设备采用 SHIMADZU 低频疲劳试验机。由于前文已详细描述 SHIMADZU 低频疲劳试验机，此处不再重复叙述。

试验参照《金属材料轴向加载疲劳试验方法》(HB 5287—1996)[143]标准执行。该纤维金属层板的破坏判据为层板中金属层完全断裂。试验在室温空气环境下进行，正弦波加载。试验采用 4 种加载方式，分别为恒幅 R=0.06、周期单峰拉伸过载（过载比 R_{ol} 为 1.4）、周期单峰压缩过载（过载比 R_{ol} 为−0.6）、周期高低加载（过载比 R_{ol} 为 1.4）。其中变幅载荷示意图如图 2.9 所示。S-N 曲线试验采用三级应力水平，每级 3～5 个试样。为了确保每级应力水平下有效数据的最少数量，应保证不低于 95%的置信度。

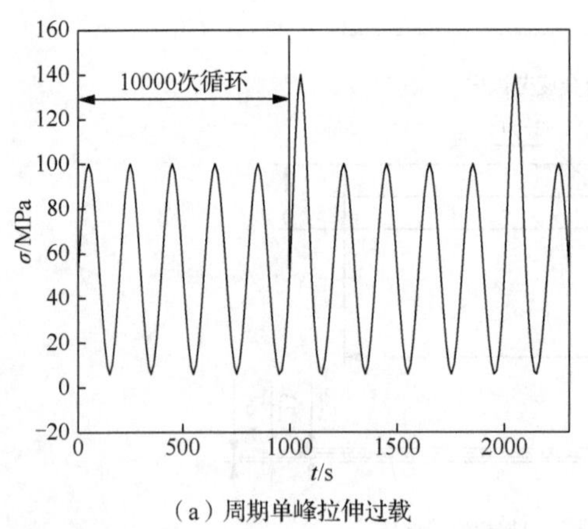

（a）周期单峰拉伸过载

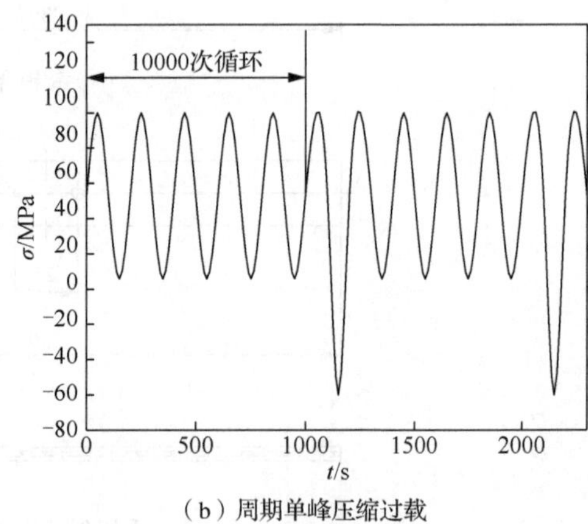

（b）周期单峰压缩过载

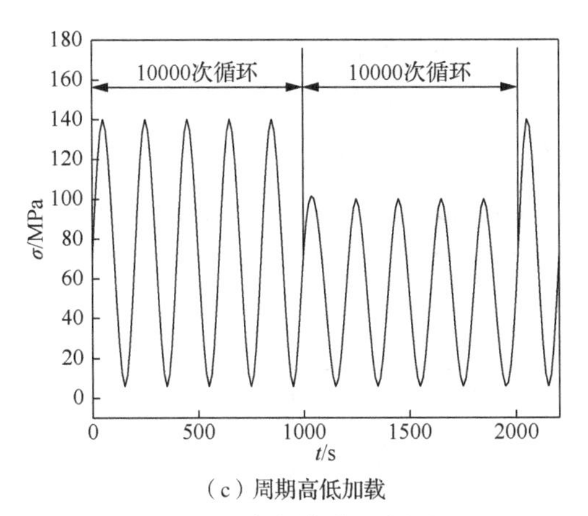

（c）周期高低加载

图 2.9　变幅载荷示意图

对于恒幅疲劳载荷加载，采用 SHIMADZU 低频疲劳试验机进行测试，其试验频率为 10Hz。对于典型单峰过载载荷加载（周期单峰拉伸过载、周期单峰压缩过载），采用 SHIMADZU 低频疲劳试验机进行测试，其恒幅载荷加载频率为 10Hz。当循环到过载载荷时，按照过载比施加一个相应大小的载荷 $S_{ol}=R_{ol}\times S_{max}$，施加过载载荷频率为 1Hz，这时一个循环周期结束。对于周期高低加载，采用 SHIMADZU 低频疲劳试验机进行测试，其恒幅载荷加载频率为 10Hz。首先施加高载荷 $S_{high,max}=R_{ol}\times S_{low,max}$，达到相应循环次数后再施加低载荷 $S_{low,max}$，当低载荷循环相应次数后，一个循环周期结束。

2.4.3　试验过程

试验步骤如下。

（1）试验开始前，检查试样表面状态，如工作段是否有划伤、缺陷等异常情况。

（2）试验前测量试样厚度和宽度，厚度测量量具精度不低于 0.01mm，宽度测量量具精度不低于 0.02mm，所使用量具定期校验。

（3）测量试样尺寸时，以 3 次测量的均值计。

（4）计算试验载荷：试验载荷为试验应力与试样毛截面面积的乘积，毛截面面积为试样实际测量宽度与厚度的乘积。

（5）试验采用成组法和升降法进行试验。

（6）*S-N* 曲线选取 3 级应力水平，每级测试 3～5 个试样。

（7）层板试样全部断开视为试样失效，其中拉伸载荷试验破坏标准为 2mm 位移。

（8）试验完成后，应判断试验结果是否有效，并记录试验结果。试验记录项目包括试样编号、宽度、厚度、频率、应力比、应力水平、最大载荷、最小载荷和循环次数。

当铝锂合金板或层板中金属材料完全断裂时，试验机自动停止并记录循环次数。根据试验方案，每条 *S-N* 曲线试验采用三级应力水平，应力水平情况如表 2.5 所示。试样最终的失效形式如图 2.10 所示。

表 2.5 三种试样在各个加载方式下 *S-N* 曲线对应的应力水平

材料	加载方式	应力水平 σ_p /MPa	材料	加载方式	应力水平 σ_p /MPa
铝锂合金	R=0.06	200	铝锂合金	周期单峰拉伸过载	220
		140			160
		100			140
2/1 层板	R=0.06	200	2/1 层板	周期单峰拉伸过载	200
		120			140
		100			90
3/2 层板	R=0.06	160	3/2 层板	周期单峰拉伸过载	180
		140			160
		110			120
铝锂合金	周期单峰压缩过载	200	铝锂合金	周期高低加载	160
		140			140
		120			100
2/1 层板	周期单峰压缩过载	160	2/1 层板	周期高低加载	130
		120			110
		90			90
3/2 层板	周期单峰压缩过载	170	3/2 层板	周期高低加载	150
		140			120
		100			90

（a）铝锂合金板

（b）2/1 层板

（c）3/2 层板

图 2.10 各材料疲劳试样失效形式

2.4.4　试验数据处理及表达方式

为了减少异常值对 S-N 曲线拟合的影响，以描述材料真实疲劳性能，采用 Dixon 的 Q-准则[144]对原始试验数据进行异常数据的识别。即由 Dixon 的 Q-准则确定出异常数据点，然后分析该数据产生的原因。当该数据是由人为因素、异常样本或试验条件的突然变化产生的，则直接将该数据视为异常值。一般来说，数据分布集中在平均值附近。如果这个数据点严重违背了这一规则，使得平均值离数据中心区域太远，根据材料性能数据的一般经验，也可将该数据视为可能的异常值。根据《金属材料轴向加载疲劳试验方法》(HB 5287—1996) [143]标准，对处理后的有效数据进行统计分析，50%存活率的疲劳总寿命和对数疲劳总寿命的标准差表达式为

$$\lg N_{50} = \frac{1}{n}\sum_{i=1}^{n}\lg N_i \tag{2.5}$$

$$Q = \sqrt{\frac{n\sum_{i=1}^{n}\left(\lg N_i\right)^2 - \left(\sum_{i=1}^{n}\lg N_i\right)^2}{n(n-1)}} \tag{2.6}$$

式中，N_{50} 为 50%存活率的疲劳总寿命循环次数；N_i 为一组试验中第 i 个试样的疲劳总寿命循环次数；n 为一组试样的数量；Q 为对数疲劳总寿命的标准差。

S-N 曲线方程有多种不同的表达方式。为了分析材料的疲劳性能特点及评估材料疲劳总寿命，选择合适的 S-N 曲线表达方式是重要的。为了确保表达方式的通用性，根据《金属材料轴向加载疲劳试验方法》(HB 5287—1996) [143]标准，将每个加载方式下的疲劳总寿命数据通过幂函数对数形式拟合成中值 S-N 曲线。基于幂函数表达形式可知，在双对数坐标系下的应力-寿命数据呈线性关系，其关系式如下：

$$\lg N = A\times\lg\left\|\sigma_{\mathrm{p}}\right\| + B \tag{2.7}$$

上述表达式是通过对传统的 S-N 曲线幂函数方程（$\sigma^g N = C$，g、C 为材料系数）两侧同时取对数而获得。其中，A 为方程曲线在坐标图中的斜率，B 为方程曲线在坐标图中的截距。在恒幅载荷下，σ_{p} 值为恒幅循环应力中的波峰值；在典型过载加载（周期单峰拉伸过载、周期单峰压缩过载及周期高低加载）下，σ_{p} 值为较小幅值的循环应力的波峰值。

2.5 纤维金属层板的金属层应变测量试验

2.5.1 试样形式

本节研究以玻璃纤维增强铝锂合金2/1层板及3/2层板疲劳总寿命测试试样作为研究对象，试样实物图如图2.11所示。其中2/1层板及3/2层板的净截面应力集中系数分别为2.57和2.56。

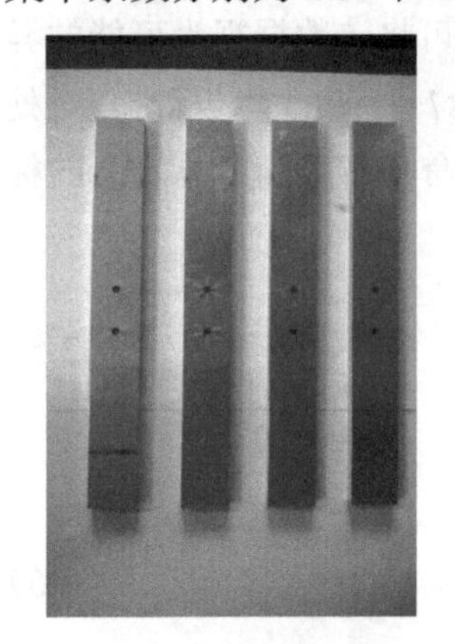

（a）层板试样正面图

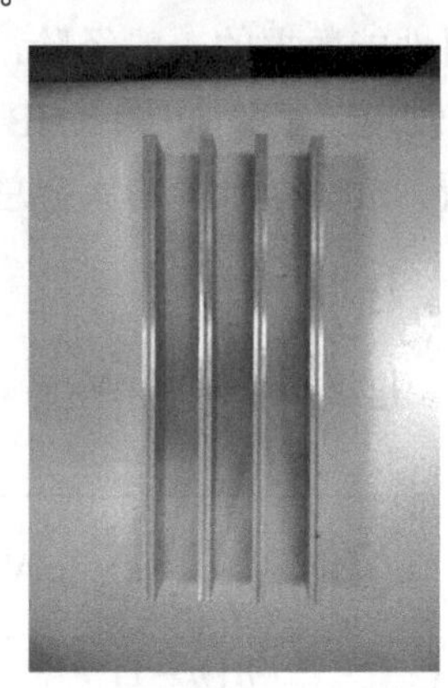

（b）2/1层板侧面图

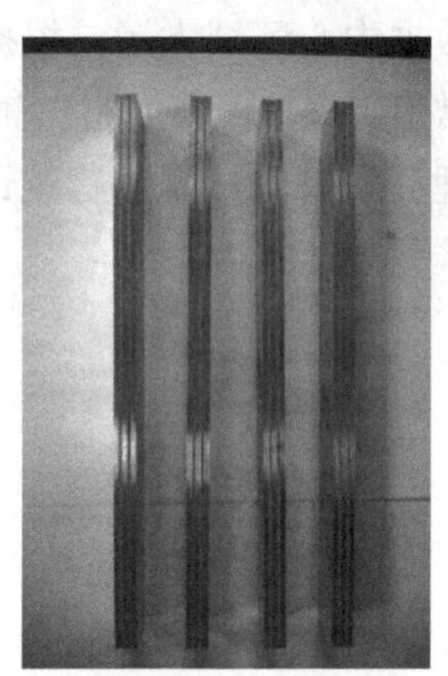

（c）3/2层板侧面图

图2.11 纤维增强铝锂合金2/1层板和3/2层板实物图

2.5.2 试验设备

数字图像相关（digital image correlation, DIC）法是一种全新的测量工程材料变形形状的试验方法。DIC法是一种完全无接触和无损伤的图像评估技术，能有效追踪材料的表面位移。DIC法的实现设备称为数字化光学应变测量仪，其图像采集设备如图2.12所示。

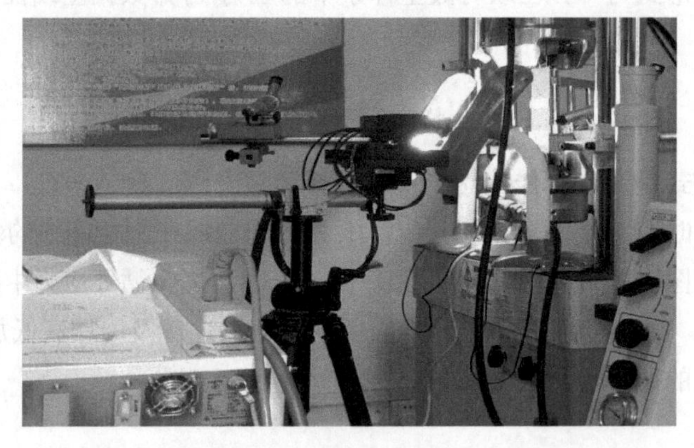

图2.12 数字化光学应变测量仪的图像采集设备

数字化光学应变测量仪利用两个高清相机，基于双目立体视觉原理，采用三维数字图像相关方法，可对被测物体表面的三维形貌和载荷作用下的三维变形场进行测量。主要原理如下：①利用经过校验的标定板对双目相机系统进行标定，获得两个相机的内外参数；②利用相关匹配算法，得到左右相机采集图像中对应点的视差，从图像中各点的视差数据和预先获得的标定参数重建物体表面的三维形貌；③通过比较载荷作用下测量区域内各点的三维形貌的变化，得到被测物体全场三维位移分布及应变分布。

2.5.3　试验方法

本书以层板受单向拉伸载荷情况为例，应用 DIC 法对不同载荷下层板产生的应变情况进行测量。考虑到本书研究目的是测量层板中金属层的应力情况，故应使得材料保持在线弹性性能。测试过程中，施加的载荷边界条件分别为 50MPa、60MPa、70MPa、80MPa、90MPa、100MPa 的远程应力。在拉伸载荷下采用数字化光学应变测量仪测试层板应变分布，如图 2.13 所示。

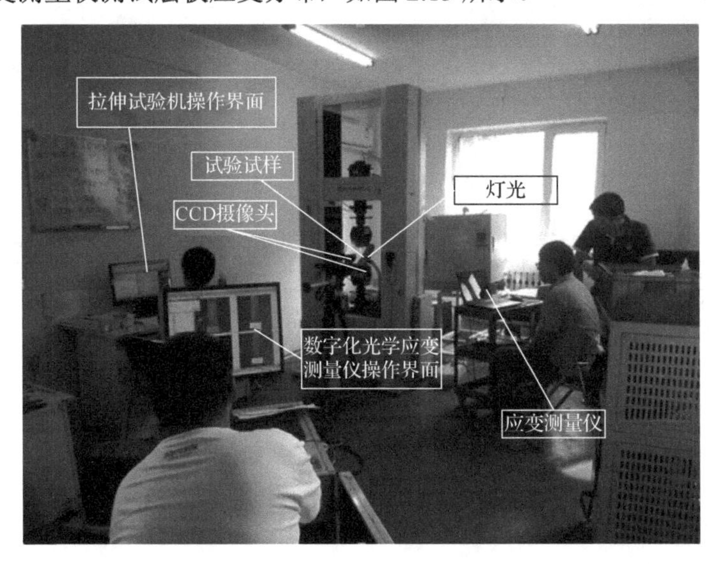

图 2.13　数字化光学应变测量仪在拉伸载荷下测试层板应变

具体测试过程如下。

（1）用酒精擦拭试样表面，确保试样表面清洁。

（2）喷涂一层亚光白色漆于试样表面，再以散点法将亚光黑色漆落于试样表面，并保证散点分布均匀。

（3）根据所需观察试样的应变范围及摄像头与试样距离，选取应变测量仪的标定板并对其进行测量标定。

（4）开始试验，首先使用数字化光学应变测量仪采集基准状态（无载荷状态）

试样表面照片；然后通过试验机对试样施加不同的载荷，并使用应变测量仪采集各加载状态下的试样表面照片。

（5）结束试验，应用 DIC 软件对应变测量仪所拍摄的照片进行处理，即选取所要观察的试样应变区域，去除不必要的区域。

（6）在确保合理参考误差的前提下，应用 DIC 软件在所选取的应变区域中设置分析计算的参考点。

（7）运行 DIC 软件分析计算模块，以获取所观察试样部位的表面应变情况。以含孔层板试样为例，孔边应变分布情况如图 2.14 所示。

（8）寻找最大应变部位并读取应变值，根据材料的应力-应变本构关系，获得金属层应力。

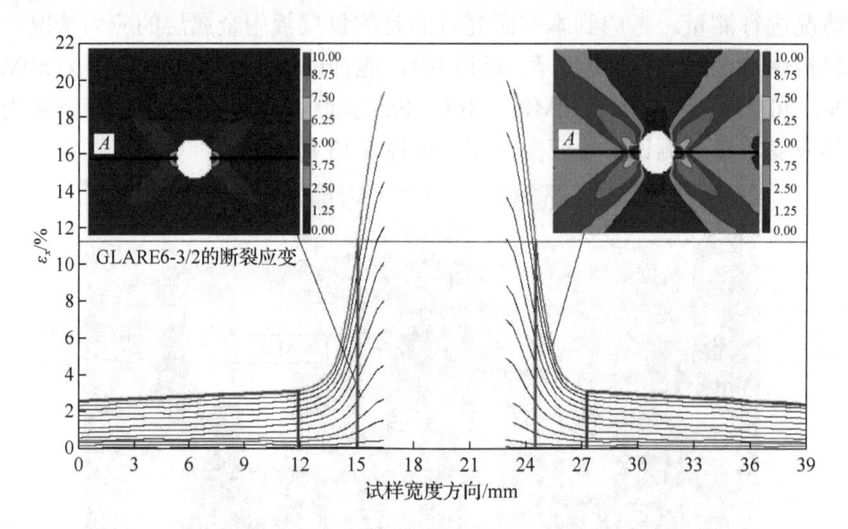

图 2.14　含孔层板孔边应变分布情况

第3章 纤维金属层板的金属层应力研究

3.1 概述

纤维金属层板作为一种新型复合材料，已开始应用于航空航天领域。为了研究纤维金属层板的材料性能，为新型纤维金属层板的研制及应用提供重要参考指标，实现纤维金属层板金属层应力的确定至关重要。通过前文可知，目前对于纤维金属层板的疲劳性能研究，有限元模型的发展还处于初级阶段，对于复杂情况其结果不太理想。故国内外研究者通常采用解析法对金属层应力进行求解，在此基础上实现层板疲劳性能的分析研究。

本章应用数字图像关联技术，实现了纤维金属层板中金属层应变的在线测量。同时，为了对后续层板疲劳性能进行分析及预测，本章还研究了金属层应力求解的解析方法。在不考虑层板固化产生的残余应力的情况下，分别以子层刚度理论和能量法获得层板的等效刚度矩阵，进而分别修正了经典层板理论中整体刚度矩阵的求解模型，实现了更准确的金属层应力预测。

虽然基于有限元法的疲劳性能预测模型发展还未成熟，但基于有限元法的静力学分析已取得一定成果。为了验证该测试方法的有效性及修正模型的先进性，以玻璃纤维增强铝锂合金 2/1 层板及 3/2 层板为例，使用数字图像关联技术对其进行金属层应变的测量，并利用有限元仿真分析、经典层板理论及修正方法对其进行金属层应力预测。通过对比 DIC 结果和有限元仿真结果，对新测量方法的准确性及实用性进行验证；通过对比 DIC 结果和层板理论预测结果，对修正模型的有效性及先进性进行验证。

3.2 DIC 法计算金属层应力

DIC 法能实时测量试样关键部位的全局应变，测量精度为 0.01%，可以确定最大应变的位置及其周围应变情况，为试样的应变、应力分析提供可靠的保证。该方法相比于常用的传统的应变片测量法，有以下优势。

（1）准备试验时，不损伤试样原表面，并且避免了胶的厚度、固化温度及粘贴压力的影响，保证了试验结果真实性。

（2）应变片最大量程为 4%～5%，往往因为量程的限制不能测量整个过程的应变，而光学应变法量程为 0.05%～100%，则避免了此限制。

（3）可实现测量试样大范围的应变。数字化光学应变测量仪测量尺寸范围为 1～1000mm。

（4）测试结果包含大量的数据点，可实现全场应变的图形化显示。高密度的数据点和测量结果的图形化显示，可以更准确地了解结构性能，实现最大应变位置准确定位。在一定程度上可以代替并优于软件仿真，因为该方法是实际情况的真实测试。

（5）具有先进的后处理模块，能显示各点的主应变方向和应变等值线以及各种过程参量，并分析计算各点的 X 应变分量、Y 应变分量、主应变、米泽斯（Mises）应变、厚度减薄率、特雷斯卡（Tresca）应变、剪切应变、剪切角及各方向位移等。

按照前文介绍的 DIC 法，获得了不同远程拉伸载荷下纤维增强铝锂合金 2/1 层板及 3/2 层板中金属层应变情况，其试验过程如图 3.1 所示。

（a）原始试样及喷涂试样情况

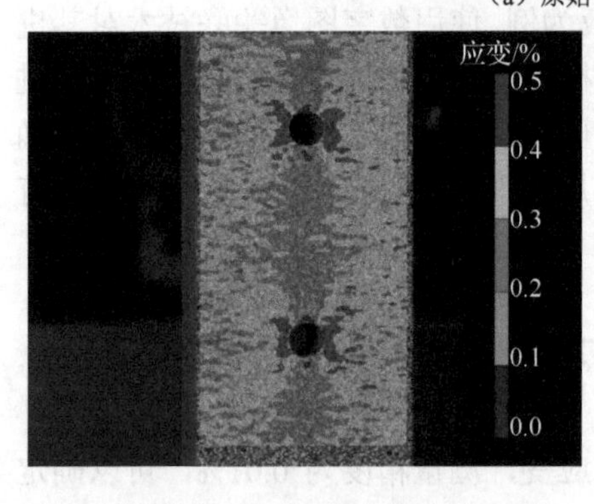

（b）光学应变仪测量试样应变图

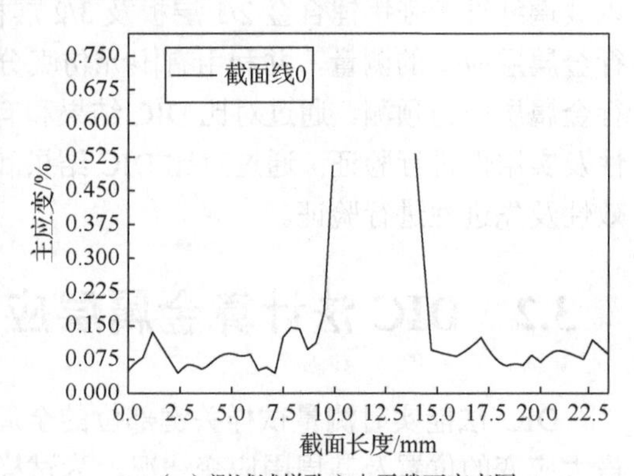

（c）测试试样孔心水平截面应变图

图 3.1 纤维金属层板金属层应变测试

首先，针对试验获得的层板中金属层应变情况，选取最大应变部位（孔边部位）作为研究对象，并提取最大应变部位的应变数值；然后，通过材料的应力-应变本构关系，将所得应变数据转换成应力数据；最后，对应力数据进行线性拟合，结果如图 3.2 所示。

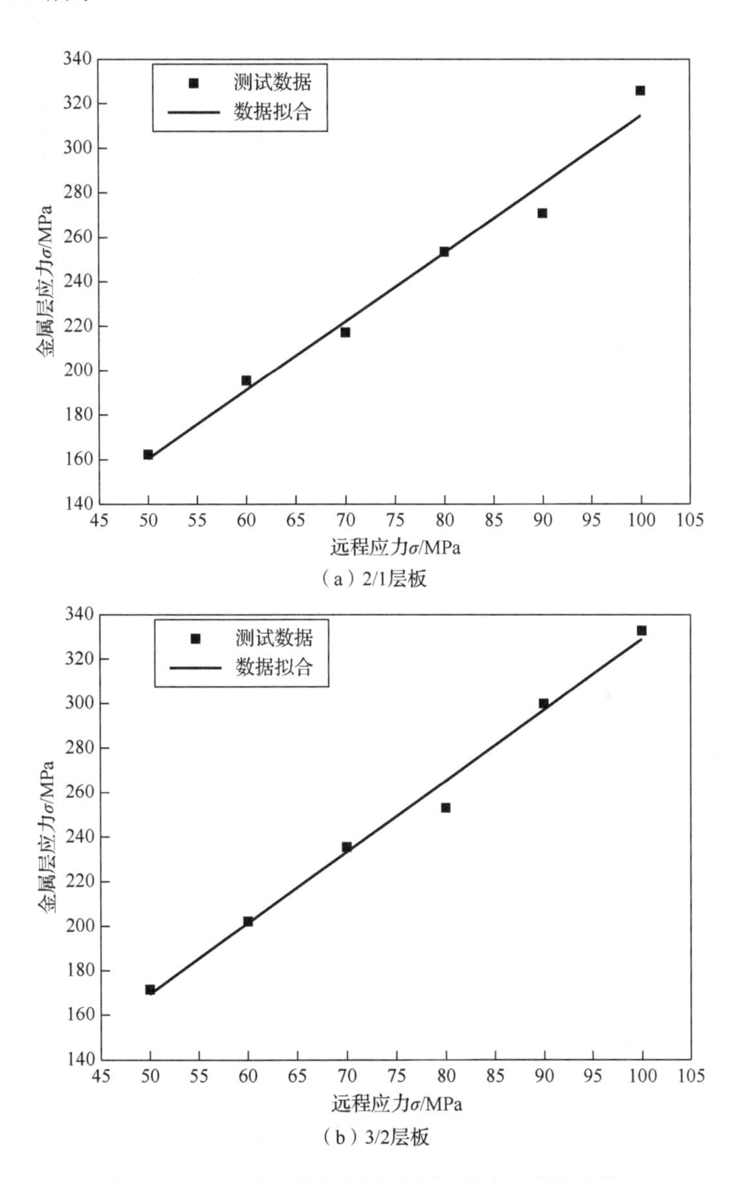

（a）2/1层板

（b）3/2层板

图 3.2　DIC 法获得的层板中金属层应力及其拟合情况

3.3 有限元法模拟金属层应力

以纤维增强铝锂合金 2/1 层板及 3/2 层板的 *S-N* 曲线测试试样为研究对象，本书通过商用有限元软件 ANSYS 来实现有限元仿真分析。对于纤维金属层板试样各组分厚度影响其各层所受应力的情况，采用三维实体建模方式，单元类型为 SOLID185。由于主要研究位置为孔边部位，故对孔周边进行网格细化处理。层板厚度方向网格划分情况为：每层金属层划分成 4 个网格，每层纤维层划分成 2 个网格。其每层材料单元赋予与试样实际情况相同的材料属性。由于是在材料弹性范围内进行分析，没有脱层、分层等情况发生，故连接方式采用 Tie 命令进行约束。为了模拟实际作用效果，在试样长度方向一端的底面施加全约束，另一端的两个侧平面施加相应载荷。其有限元模型如图 3.3 所示。通过有限元计算分析，获得不同应力下层板金属层孔边最大应变部位的应力情况，如图 3.3（d）所示。

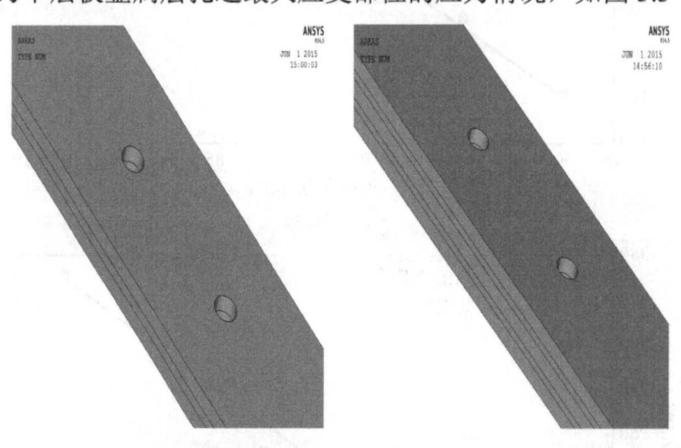

（a）2/1 层板及 3/2 层板几何模型

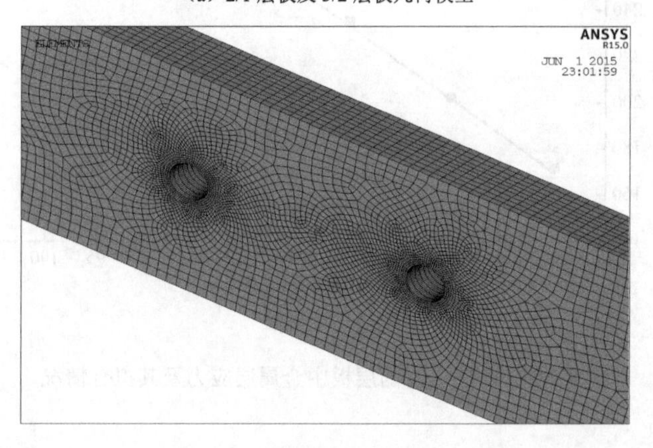

（b）模型网格划分情况

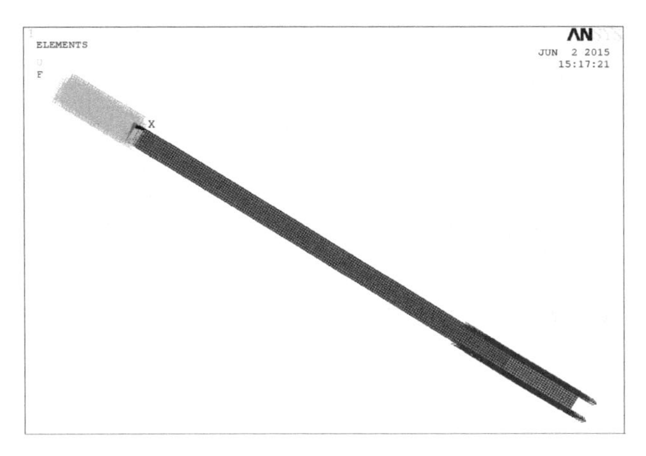

（c）模型边界条件

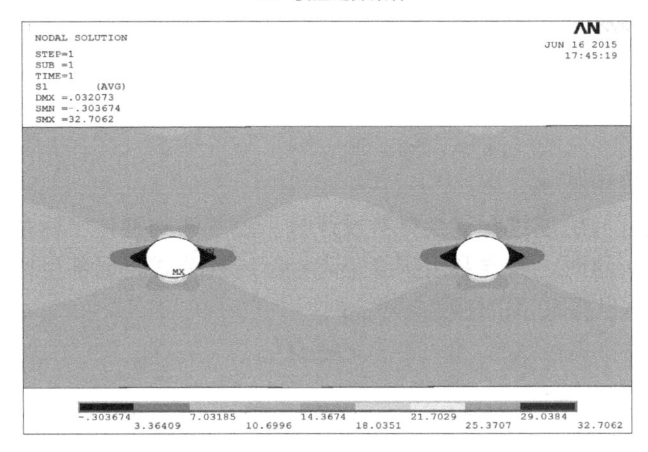

（d）金属层应力分布云图

图 3.3　有限元建模及分析

3.4　解析法求解金属层应力

3.4.1　经典层板理论

许多文献对经典层板理论做了概括。根据前文总结归纳，利用经典层板理论求解各层应力主要有三个步骤：①各组分材料的本构关系；②层板的整体刚度矩阵；③计算各层材料应力。

1. 各组分材料本构关系表征

纤维金属层板结构由相互平行的金属及非金属组分材料交替叠加而成，层板中各组分材料本构关系的通用形式为

$$\begin{bmatrix}\sigma_x\\ \sigma_y\\ \sigma_z\\ \tau_{yz}\\ \tau_{zx}\\ \tau_{xy}\end{bmatrix}=\begin{bmatrix}s_{11}&s_{12}&s_{13}&s_{14}&s_{15}&s_{16}\\ s_{21}&s_{22}&s_{23}&s_{24}&s_{25}&s_{26}\\ s_{31}&s_{32}&s_{33}&s_{34}&s_{35}&s_{36}\\ s_{41}&s_{42}&s_{43}&s_{44}&s_{45}&s_{46}\\ s_{51}&s_{52}&s_{53}&s_{54}&s_{55}&s_{56}\\ s_{61}&s_{62}&s_{63}&s_{64}&s_{65}&s_{66}\end{bmatrix}\begin{bmatrix}\varepsilon_x\\ \varepsilon_y\\ \varepsilon_z\\ \gamma_{yz}\\ \gamma_{zx}\\ \gamma_{xy}\end{bmatrix} \tag{3.1}$$

式中，$(\sigma_x,\ \sigma_y,\ \sigma_z,\ \tau_{yz},\ \tau_{zx},\ \tau_{xy})^{\mathrm{T}}$ 为应力向量；$(\varepsilon_x,\ \varepsilon_y,\ \varepsilon_z,\ \gamma_{yz},\ \gamma_{zx},\ \gamma_{xy})^{\mathrm{T}}$ 为应变向量；

$$\begin{bmatrix}s_{11}&s_{12}&s_{13}&s_{14}&s_{15}&s_{16}\\ s_{21}&s_{22}&s_{23}&s_{24}&s_{25}&s_{26}\\ s_{31}&s_{32}&s_{33}&s_{34}&s_{35}&s_{36}\\ s_{41}&s_{42}&s_{43}&s_{44}&s_{45}&s_{46}\\ s_{51}&s_{52}&s_{53}&s_{54}&s_{55}&s_{56}\\ s_{61}&s_{62}&s_{63}&s_{64}&s_{65}&s_{66}\end{bmatrix}$$

为单一材料刚度矩阵 s。

在求解实际问题或进行复合材料设计时，经常遇到整体坐标系与局部坐标系不重合的现象。这时，需要利用刚度矩阵坐标转换公式将局部坐标系下的刚度矩阵 s 转换为整体坐标系下的刚度矩阵 $\overline{s}$：

$$\overline{s}=MsM^{\mathrm{T}} \tag{3.2}$$

式中，

$$M=\begin{bmatrix}l_1^2&m_1^2&n_1^2&2m_1n_1&2n_1l_1&2l_1m_1\\ l_2^2&m_2^2&n_2^2&2m_2n_2&2n_2l_2&2l_2m_2\\ l_3^2&m_3^2&n_3^2&2m_3n_3&2n_3l_3&2l_3m_3\\ l_2l_3&m_2m_3&n_2n_3&m_2n_3+m_3n_2&n_2l_3+n_3l_2&l_2m_3+l_3m_2\\ l_3l_1&m_3m_1&n_3n_1&m_3n_1+m_1n_3&n_3l_1+n_1l_3&l_3m_1+l_1m_3\\ l_1l_2&m_1m_2&n_1n_2&m_1n_2+m_2n_1&n_1l_2+n_2l_1&l_1m_2+l_2m_1\end{bmatrix}$$

l_i、m_i、$n_i(i=1,2,3)$ 为材料的局部坐标系（$O123$）和整体坐标系（$Oxyz$）中各个坐标轴的方向余弦，见表 3.1。

表 3.1　不同坐标系下坐标轴间的余弦值

坐标轴	x	y	z
1	l_1	m_1	n_1
2	l_2	m_2	n_2
3	l_3	m_3	n_3

利用转换公式将层板中各层局部坐标系下的刚度矩阵转换成整体坐标系下刚

度矩阵$[\bar{s}]_k$，其通用形式为

$$[\bar{s}]_k=\begin{bmatrix}\bar{s}_{11} & \bar{s}_{12} & \bar{s}_{13} & \bar{s}_{14} & \bar{s}_{15} & \bar{s}_{16}\\ \bar{s}_{21} & \bar{s}_{22} & \bar{s}_{23} & \bar{s}_{24} & \bar{s}_{25} & \bar{s}_{26}\\ \bar{s}_{31} & \bar{s}_{32} & \bar{s}_{33} & \bar{s}_{34} & \bar{s}_{35} & \bar{s}_{36}\\ \bar{s}_{41} & \bar{s}_{42} & \bar{s}_{43} & \bar{s}_{44} & \bar{s}_{45} & \bar{s}_{46}\\ \bar{s}_{51} & \bar{s}_{52} & \bar{s}_{53} & \bar{s}_{54} & \bar{s}_{55} & \bar{s}_{56}\\ \bar{s}_{61} & \bar{s}_{62} & \bar{s}_{63} & \bar{s}_{64} & \bar{s}_{65} & \bar{s}_{66}\end{bmatrix} \tag{3.3}$$

考虑到纤维金属层板各层属性，该刚度矩阵可表示为

$$[\bar{s}]_k=\begin{bmatrix}\bar{s}_{11} & \bar{s}_{12} & \bar{s}_{13} & 0 & 0 & \bar{s}_{16}\\ \bar{s}_{21} & \bar{s}_{22} & \bar{s}_{23} & 0 & 0 & \bar{s}_{26}\\ \bar{s}_{31} & \bar{s}_{32} & \bar{s}_{33} & 0 & 0 & \bar{s}_{36}\\ 0 & 0 & 0 & \bar{s}_{44} & \bar{s}_{45} & 0\\ 0 & 0 & 0 & \bar{s}_{54} & \bar{s}_{55} & 0\\ \bar{s}_{61} & \bar{s}_{62} & \bar{s}_{63} & 0 & 0 & \bar{s}_{66}\end{bmatrix} \tag{3.4}$$

2. 整体刚度矩阵求解

层板的整体刚度矩阵S_{lam}及柔度矩阵C_{lam}为

$$S_{\text{lam}}=\sum_{k=1}^{n}\left([\bar{s}]_k\frac{t_k}{t_{\text{lam}}}\right)=\begin{bmatrix}S_{11} & S_{12} & S_{13} & 0 & 0 & S_{16}\\ S_{21} & S_{22} & S_{23} & 0 & 0 & S_{26}\\ S_{31} & S_{32} & S_{33} & 0 & 0 & S_{36}\\ 0 & 0 & 0 & S_{44} & S_{45} & 0\\ 0 & 0 & 0 & S_{54} & S_{55} & 0\\ S_{61} & S_{62} & S_{63} & 0 & 0 & S_{66}\end{bmatrix} \tag{3.5}$$

$$C_{\text{lam}}=S_{\text{lam}}^{-1}=\begin{bmatrix}C_{11} & C_{12} & C_{13} & 0 & 0 & C_{16}\\ C_{21} & C_{22} & C_{23} & 0 & 0 & C_{26}\\ C_{31} & C_{32} & C_{33} & 0 & 0 & C_{36}\\ 0 & 0 & 0 & C_{44} & C_{45} & 0\\ 0 & 0 & 0 & C_{54} & C_{55} & 0\\ C_{61} & C_{62} & C_{63} & 0 & 0 & C_{66}\end{bmatrix} \tag{3.6}$$

式中，t_k为第k层材料厚度；t_{lam}为层板总厚度。

3. 各组分层应力计算

外载荷下层板中面应变为

$$\begin{bmatrix}\varepsilon_x\\\varepsilon_y\\\varepsilon_z\\\gamma_{yz}\\\gamma_{zx}\\\gamma_{xy}\end{bmatrix}=\begin{bmatrix}C_{11}&C_{12}&C_{13}&0&0&C_{16}\\C_{21}&C_{22}&C_{23}&0&0&C_{26}\\C_{31}&C_{32}&C_{33}&0&0&C_{36}\\0&0&0&C_{44}&C_{45}&0\\0&0&0&C_{54}&C_{55}&0\\C_{61}&C_{62}&C_{63}&0&0&C_{66}\end{bmatrix}\begin{bmatrix}\sigma_x\\\sigma_y\\\sigma_z\\\tau_{yz}\\\tau_{zx}\\\tau_{xy}\end{bmatrix} \tag{3.7}$$

整体坐标系下张量应变转换为局部坐标系下张量应变，各层材料主方向应变通用形式为

$$\begin{bmatrix}\varepsilon_1\\\varepsilon_2\\\varepsilon_3\\\gamma_{23}\\\gamma_{31}\\\gamma_{12}\end{bmatrix}=\begin{bmatrix}l_1^2&m_1^2&n_1^2&m_1n_1&n_1l_1&l_1m_1\\l_2^2&m_2^2&n_2^2&m_2n_2&n_2l_2&l_2m_2\\l_3^2&m_3^2&n_3^2&m_3n_3&n_3l_3&l_3m_3\\2l_2l_3&2m_2m_3&2n_2n_3&m_2n_3+m_3n_2&n_2l_3+n_3l_2&l_2m_3+l_3m_2\\2l_3l_1&2m_3m_1&2n_3n_1&m_3n_1+m_1n_3&n_3l_1+n_1l_3&l_3m_1+l_1m_3\\2l_1l_2&2m_1m_2&2n_1n_2&m_1n_2+m_2n_1&n_1l_2+n_2l_1&l_1m_2+l_2m_1\end{bmatrix}\begin{bmatrix}\varepsilon_x\\\varepsilon_y\\\varepsilon_z\\\gamma_{yz}\\\gamma_{zx}\\\gamma_{xy}\end{bmatrix} \tag{3.8}$$

各层材料主方向应力为

$$\begin{bmatrix}\sigma_1\\\sigma_2\\\sigma_3\\\tau_{23}\\\tau_{31}\\\tau_{12}\end{bmatrix}=s\begin{bmatrix}\varepsilon_1\\\varepsilon_2\\\varepsilon_3\\\gamma_{23}\\\gamma_{31}\\\gamma_{12}\end{bmatrix} \tag{3.9}$$

3.4.2 经典层板理论修正

在上述经典层板理论实现过程中，层板整体刚度矩阵的计算是各层刚度根据其组分的体积分数简单相加，未能考虑到实际铺层情况及层间相互作用，造成所求层板整体刚度矩阵与实际情况有一定差异，从而使得金属层应力的预测存在较大误差。为了解决此问题，本书引入等效刚度矩阵的概念来对经典层板理论中整体刚度矩阵的求解方法进行修正。

1. 层板材料刚度性能等效

由于复合材料内部结构的多样性和多尺度性（即复合材料层板是由多层单向板铺放而成，每一层单向板的铺放角度、铺放厚度不同），导致了各层材料在整体坐标系下有不同的材料性能，从而使得复合材料整体层板的材料性能复杂多样。因此，通过建立力学模型，用理论方法分析和预测复合材料的力学性能，最终把复合材料层板的性能等效成各向异性材料的性能，对于复合材料结构性能分析及

结构优化设计有重要的意义，如图 3.4 所示。

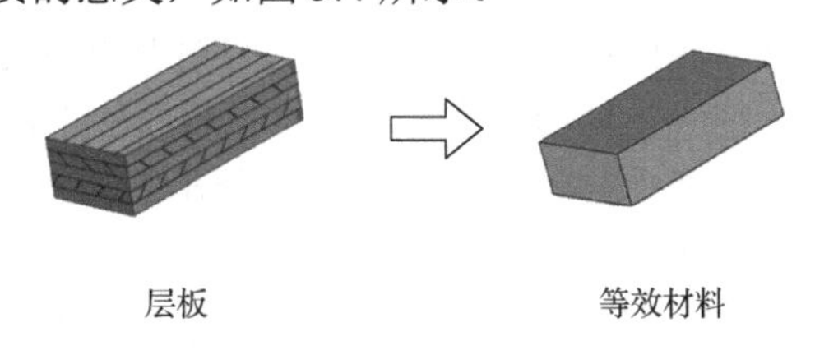

图 3.4　复合材料性能等效示意图

到目前为止，复合材料弹性常数的等效算法有多种。对于单向复合材料的弹性常数等效方法，较为著名的几个模型公式有混合法模型公式[145]、Chamis 模型公式[146]、Hill-Hashin-Christensen-Lo 模型公式[147-149]和桥联模型[150-152]。对于一般复合材料的弹性常数，传统的求解方法主要有三类[153]：①基于定义的有限元法[154]；②以夹杂理论为基础的模型[155-159]，如自洽模型[156]、广义自洽模型[157]、Mori-Tanaka 模型[158]和微分法[159]等；③以变分原理为基础的定界法[160]。此外，近年来还出现了应用均匀化理论[161]、子层刚度法[162]和能量法[163]来分析材料的等效性能。

（1）对于单向复合材料，弹性常数等效方法的这几个著名公式是以混合定律为理论基础，通过考虑不同影响因素获得不同的拓展或衍生模型。以纤维和树脂材料性能为基本参数，根据相关模型公式可确定复合材料的弹性常数。这些模型公式适用于横观各向同性的复合材料性能预测，对于纤维方向不同的复合材料的性能预测则存在较大误差。

（2）基于定义的有限元法[154]。该方法基于复合材料细观结构特点建立物理模型，采用均匀应变场或均匀应力场的假设，通过求解适当的边界问题获得相应的平均应力和平均应变，进而求得宏观等效弹性性能常数。由于该方法是基于均匀应变场或应力场的假设，对于均匀介质，此种假设是正确的，但对于非均匀介质则计算误差较大。

（3）以夹杂理论为基础的模型中广义自洽模型较为典型[157]。该模型的原理是将夹杂及其包围的介质嵌入性能未知的无限大介质中，在其边界施加相应的边界条件，通过应力场的求解获得复合材料的等效性能。该模型是能够描述基体与夹杂之间相互作用的模型。其最大不足是需要确定相材料的位移及应变场，这一过程十分繁杂，而且最后得到的有效剪切模量无法显式表达，难以应用。

（4）以变分原理为基础的定界法[160]。这类方法能够给出有效性能的极值（上限和下限），其最终预测结果不够准确。

（5）均匀化理论[161]。该方法用均质的宏观结构和非均质的具有周期性分布的细观结构描述原结构，能从细观尺度分析复合材料的等效模量和变形，又能从宏观尺度分析结构的响应。但此方法的数学推导烦琐，计算十分复杂，导致工作量大增。

（6）子层刚度法[162]。该方法脱离了细观力学方法中假设条件的运用，直接从本构关系角度考虑其组分相的特点，使其满足连续性界面的边界条件，从整体角度出发将弹性张量进行统一化处理，研究复合材料层板的本构关系。在此基础上，应用数学统计平均的思想考虑弹性性能特点，推导出复合材料宏观等效弹性性能的解析式，相比于传统方法有一定的进步性。

（7）能量法[163]。该方法是将有限元法应用于复合材料代表性微结构体，通过对微结构体应力-应变响应的有限元计算，基于应变能等效理论建立微结构体应变能与弹性常数特征关系，最终获得复合材料宏观等效性能。此种方法预测结果与均匀化理论相差不大，但工作量小于均匀化理论，在一定程度上可以取代均匀化理论。

在已有的复合材料性能等效预测方法中：传统的算法往往建立在简化的物理模型或假设均匀应力场、应变场的基础上，对于非均匀介质计算误差较大；均匀化算法数学推导烦琐，计算过程复杂、耗时，限制了其应用和拓展；子层刚度法和能量法是目前普遍采用的简便且预测准确度较高的两种算法。

1）子层刚度法性能等效算法

从细观力学方法的角度研究复合材料的宏观等效弹性性能时，往往都不可避免地对应变场、应力场进行假设，按照均匀应变场或均匀应力场考虑边界条件，然后通过对相应的边界条件进行求解，推导出相应的平均应力及平均应变，进而得到宏观等效弹性性能。以上求解思想为其宏观等效性能参数的预测提供了一条途径，在一定程度上对该问题的解决做出了贡献，得到的结果具有一定的价值。然而这一思想在促进该问题解决的同时，也在某种程度上对其更进一步的发展产生了一定的局限性[164]。

Sun 等[162]基于界面连续性假设，提出的子层刚度法直接从组分的本构关系出发，从整体角度将弹性张量进行统一化处理，进一步应用统计平均思想推导出刚度公式，求解出材料的整体等效刚度矩阵 S，其表达式如下：

$$S=\begin{bmatrix} S_{11} & S_{12} & S_{13} & 0 & 0 & S_{16} \\ S_{21} & S_{22} & S_{23} & 0 & 0 & S_{26} \\ S_{31} & S_{32} & S_{33} & 0 & 0 & S_{36} \\ 0 & 0 & 0 & S_{44} & S_{45} & 0 \\ 0 & 0 & 0 & S_{54} & S_{55} & 0 \\ S_{61} & S_{62} & S_{63} & 0 & 0 & S_{66} \end{bmatrix} \tag{3.10}$$

此刚度矩阵是以各向异性复合材料具有一个弹性性能对称面为基础进行推导而得到的。然而，复合材料层板有时不仅具有一个对称面，有时会出现三个对称面的情况。对于具有三个正交对称面的正交各向异性复合材料（本书所研究的层板材料），基于应变能密度的守恒定律，可以得到以下关系：

$$S_{16}=S_{26}=S_{36}=S_{45}=0 \tag{3.11}$$

根据上述特征，正交各向异性材料的等效刚度矩阵 S 可描述为

$$S=\begin{bmatrix} S_{11} & S_{12} & S_{13} & 0 & 0 & 0 \\ S_{21} & S_{22} & S_{23} & 0 & 0 & 0 \\ S_{31} & S_{32} & S_{33} & 0 & 0 & 0 \\ 0 & 0 & 0 & S_{44} & 0 & 0 \\ 0 & 0 & 0 & 0 & S_{55} & 0 \\ 0 & 0 & 0 & 0 & 0 & S_{66} \end{bmatrix} \tag{3.12}$$

式中，相关的刚度系数为[162]

$$S_{11}=\sum_{k=1}^{n}v_k s_{11}^{(k)}+\sum_{k=2}^{n}\frac{\left(s_{13}^{(k)}-\lambda_{13}\right)v_k\left(s_{13}^{(1)}-s_{13}^{(k)}\right)}{s_{33}^{(k)}}$$

$$S_{12}=\sum_{k=1}^{n}v_k s_{12}^{(k)}+\sum_{k=2}^{n}\frac{\left(s_{13}^{(k)}-\lambda_{13}\right)v_k\left(s_{23}^{(1)}-s_{23}^{(k)}\right)}{s_{33}^{(k)}}$$

$$S_{13}=\sum_{k=1}^{n}v_k s_{13}^{(k)}+\sum_{k=2}^{n}\frac{\left(s_{33}^{(k)}-\lambda_{33}\right)v_k\left(s_{13}^{(1)}-s_{13}^{(k)}\right)}{s_{33}^{(k)}}$$

$$S_{22}=\sum_{k=1}^{n}v_k s_{22}^{(k)}+\sum_{k=2}^{n}\frac{\left(s_{23}^{(k)}-\lambda_{23}\right)v_k\left(s_{23}^{(1)}-s_{23}^{(k)}\right)}{s_{33}^{(k)}}$$

$$S_{23}=\sum_{k=1}^{n}v_k s_{23}^{(k)}+\sum_{k=2}^{n}\frac{\left(s_{33}^{(k)}-\lambda_{33}\right)v_k\left(s_{23}^{(1)}-s_{23}^{(k)}\right)}{s_{33}^{(k)}}$$

$$S_{33}=\frac{1}{\sum_{k=1}^{n}\frac{v_k}{s_{33}^{(k)}}}$$

$$S_{44}=\frac{\sum_{k=1}^{n}\frac{v_k s_{44}^{(k)}}{\Delta k}}{\Delta}$$

$$S_{55}=\frac{\sum_{k=1}^{n}\frac{v_k s_{55}^{(k)}}{\Delta k}}{\Delta}$$

$$S_{66}=\sum_{k=1}^{n}v_k s_{66}^{(k)}+\sum_{k=2}^{n}\frac{\left(s_{36}^{(k)}-\lambda_{36}\right)v_k\left(s_{36}^{(1)}-s_{36}^{(k)}\right)}{s_{33}^{(k)}}$$

$$S_{21}=S_{12},\ S_{31}=S_{13},\ S_{32}=S_{23}$$

其中，

$$\lambda_{13}=S_{13},\ \lambda_{23}=S_{23},\ \lambda_{33}=S_{33},\ \lambda_{36}=S_{36}$$

$$\varDelta=\left(\sum_{k=1}^{n}\frac{v_k s_{44}^{(k)}}{\Delta k}\right)\left(\sum_{k=1}^{n}\frac{v_k s_{55}^{(k)}}{\Delta k}\right)-\left(\sum_{k=1}^{n}\frac{v_k s_{45}^{(k)}}{\Delta k}\right)^2$$

$$\Delta k=s_{44}^{(k)}s_{55}^{(k)}-\left(s_{45}^{(k)}\right)^2$$

v_k 为第 k 层材料的体积分数。

各层材料刚度矩阵$[s]_k$可表示为

$$[s]_k=\begin{bmatrix} s_{11} & s_{12} & s_{13} & 0 & 0 & s_{16} \\ s_{21} & s_{22} & s_{23} & 0 & 0 & s_{26} \\ s_{31} & s_{32} & s_{33} & 0 & 0 & s_{36} \\ 0 & 0 & 0 & s_{44} & s_{45} & 0 \\ 0 & 0 & 0 & s_{54} & s_{55} & 0 \\ s_{61} & s_{62} & s_{63} & 0 & 0 & s_{66} \end{bmatrix} \tag{3.13}$$

式中，

$$s_{11}=\frac{1-v_{23}v_{32}}{E_1E_2\varDelta'};\quad s_{12}=\frac{v_{12}+v_{32}v_{13}}{E_1E_3\varDelta'};\quad s_{13}=\frac{v_{13}+v_{12}v_{23}}{E_1E_2\varDelta'};\quad s_{22}=\frac{1-v_{13}v_{31}}{E_1E_3\varDelta'}$$

$$s_{23}=\frac{v_{23}+v_{21}v_{13}}{E_1E_2\varDelta'};\quad s_{33}=\frac{1-v_{12}v_{21}}{E_1E_2\varDelta'};\quad s_{44}=G_{23};\quad s_{55}=G_{31};\quad s_{66}=G_{12}$$

$$s_{21}=s_{12};\quad s_{31}=s_{13};\quad s_{32}=s_{23}$$

$$s_{61}=s_{16}=0;\quad s_{62}=s_{26}=0;\quad s_{63}=s_{36}=0$$

其中，$\varDelta'=\dfrac{1-v_{12}v_{21}-v_{23}v_{32}-v_{31}v_{13}-2v_{21}v_{32}v_{13}}{E_1E_2E_3}$，$\dfrac{v_{12}}{E_1}=\dfrac{v_{21}}{E_2}$，$\dfrac{v_{13}}{E_1}=\dfrac{v_{31}}{E_3}$，$\dfrac{v_{23}}{E_2}=\dfrac{v_{32}}{E_3}$，$E$ 为材料的弹性模量，G 为材料的剪切模量，v 为材料的泊松比，E、G、v 的下角标 1、2、3 分别表示不同的方向。

2）能量法性能等效算法

能量法求解等效弹性性能的基本原理[163]：利用微结构和均质等效体的应变能恒定原理，通过给定相应的边界条件，推导出复合材料弹性性能与材料微结构应变能之间的关系，获得了复合材料弹性性能的能量表达式。

复合材料是由许多细小的增强材料与基体材料复合而成。在其细观结构中，增强材料呈规则或随机的几何分布。但从总体层次上看，复合材料具有宏观均匀的特性，即增强材料在基体内按照一定规律分布，且其分布具有统计均匀性。根据这个结构特点可以划分出特征体积单元（representative volume element，RVE），因此整个复合材料体可看成由多个周期性排列的 RVE 构成，如图 3.5 所示。故采用能量法研究复合材料的弹性性能时，可取其 RVE 作为研究对象[165]。

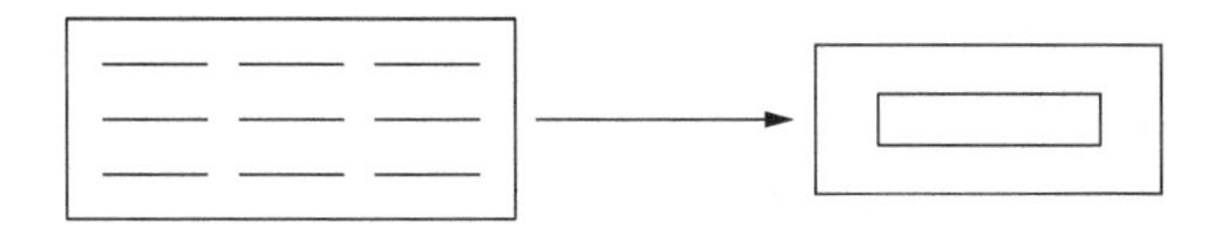

图 3.5　单向纤维复合材料及其 RVE

图3.5简单地表示了单向排列的纤维复合材料及其RVE之间的相互关系。RVE中的纤维体积分数与复合材料中的纤维体积分数保持一致，皆为

$$v_{\mathrm{f}}=V_{\mathrm{f}}/V_{\mathrm{tot}} \tag{3.14}$$

式中，v_{f} 为纤维的体积分数；V_{f} 为复合纤维中纤维体积或 RVE 中纤维体积；V_{tot} 为复合纤维的总体积或 RVE 的总体积。

在对复合材料的等效弹性模量进行宏观分析时，等效弹性模量定义的基础是复合材料均质等效体中产生的弹性应变能与细观结构体 RVE 中产生的真实弹性应变能相等。假设有一复合材料的 RVE，其体积为 V，边界为 S。在均匀边界条件下，RVE 内产生复杂的细观应力场 σ 和应变场 ε，如图 3.6 所示。并且假设有一个相应材质均匀的等效体，具有相同的体积和边界。对该等效体施加与 RVE 相同的边界条件后，均匀的应力场 σ' 和应变场 ε' 将会在该均质等效体内产生。如果该均质等效体的弹性应变能与 RVE 产生的弹性应变能相同，那么就可以推导出两者具有相同的有效弹性模量。

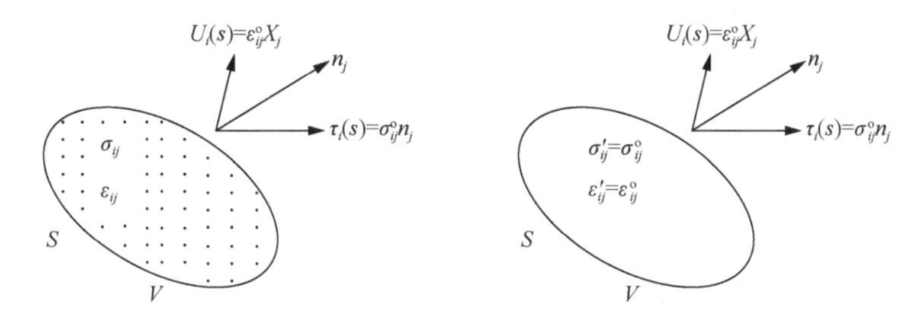

图 3.6　微结构体与均质等效体

根据上述定义，如果令等效体中的均匀应力场 σ'、均匀应变场 ε' 分别等于 RVE 中的平均应力场 $\bar{\sigma}$ 和平均应变场 $\bar{\varepsilon}$，则可推导出两者具有相同的应变能。其中 $\bar{\sigma}$ 和 $\bar{\varepsilon}$ 分别为

$$\bar{\sigma}=\frac{1}{V}\int_V \sigma \mathrm{d}V,\ \ \bar{\varepsilon}=\frac{1}{V}\int_V \varepsilon \mathrm{d}V \tag{3.15}$$

可见，推导复合材料有效弹性模量的前提条件是其具有均匀的边界条件[166]。在均匀位移边界条件 $u_i(s)=\varepsilon_{ij}^{o}x_j$ 下，均质等效体显然会产生均匀的应变场 ε^{o}，与此同时 RVE 的平均应变场 $\bar{\varepsilon}=\varepsilon^{o}$，因此均质等效体内的均匀应变场 ε' 等于 RVE 的平均应变场 $\bar{\varepsilon}$。在上述条件下，同样可得出，均质等效体内的均匀应力场 σ' 等于 RVE 的平均应力场 $\bar{\sigma}$。

只有在均匀边界条件下，$\sigma'=\bar{\sigma}$ 和 $\varepsilon'=\bar{\varepsilon}$ 才成立。由此可得只有在均匀边界条件下，才能保证上述弹性应变能相等。在外载荷作用下，RVE 中纤维的应变能 Q_f 与基体的应变能 Q_m 总和等于相同体积和形状的均质化后的复合材料的应变能 Q_c，即

$$Q_c = Q_m + Q_f \tag{3.16}$$

式中，

$$Q_c = \frac{1}{2}\int_v \sigma^c \varepsilon^c \mathrm{d}v \tag{3.17}$$

$$Q_m = \frac{1}{2}\int_{v_m} \sigma^m \varepsilon^m \mathrm{d}v \tag{3.18}$$

$$Q_f = \frac{1}{2}\int_{v_f} \sigma^f \varepsilon^f \mathrm{d}v \tag{3.19}$$

式中，σ^c 为均质等效体的应力；ε^c 为均质等效体的应变；σ^m 为 RVE 中基体的应力；ε^m 为 RVE 中基体的应变；σ^f 为 RVE 中纤维的应力；ε^f 为 RVE 中纤维的应变；v 为均质等效体的体积；v_m 为 RVE 中基体体积；v_f 为 RVE 中纤维体积。

对于 RVE，应力-应变应满足以下关系：

$$\bar{\sigma} = S\bar{\varepsilon} \tag{3.20}$$

式中，$\bar{\sigma}$ 为 RVE 在均匀边界条件下的应力平均值；$\bar{\varepsilon}$ 为 RVE 在均匀边界条件下的应变平均值；S 为 RVE 的有效刚度矩阵。根据式（3.15）的定义，对于研究对象 RVE，计算出其在均匀边界条件下的细观应力-应变场 σ 与 ε，再通过体积平均方法得到 $\bar{\sigma}$ 与 $\bar{\varepsilon}$，然后利用式（3.20）即可得到有效刚度矩阵 S。

对于二维情况，RVE 的应变能 Q 为

$$Q = \int_\Omega \frac{1}{2}\varepsilon^{\mathrm{T}} S \varepsilon \mathrm{d}\Omega \tag{3.21}$$

由于 RVE 和均质等效体的应变能相等，故有如下关系：

$$Q = \int_\Omega \frac{1}{2}(\sigma_{11}\varepsilon_{11} + \sigma_{22}\varepsilon_{22} + \sigma_{12}\varepsilon_{12})\mathrm{d}\Omega = \frac{1}{2}\left(\overline{\sigma_{11}\varepsilon_{11}} + \overline{\sigma_{22}\varepsilon_{22}} + \overline{\sigma_{12}\varepsilon_{12}}\right)V \tag{3.22}$$

二维情况下，RVE 的有效刚度矩阵表达式为

$$S = \begin{bmatrix} S_{1111} & S_{1122} & 0 \\ S_{1122} & S_{2222} & 0 \\ 0 & 0 & S_{1212} \end{bmatrix} \tag{3.23}$$

基于式（3.21）和式（3.23），通过定义 RVE 特定的应变场边界条件，计算出 RVE 单位体积的应变能，进而推导出 RVE 等效弹性性能的能量表达式。在探讨二维 RVE 等效弹性性能的情况下，需要考虑四种不同的边界条件来计算 RVE 的等效性能。以表 3.2 所示的平面应力下单位体积的 RVE 为例（各边边长为 1），根据给定位移边界条件的四种情况，求解 RVE 的等效弹性性能。

表 3.2　二维微结构边界条件及相应的应变能

边界条件	平均应变	相应应变能
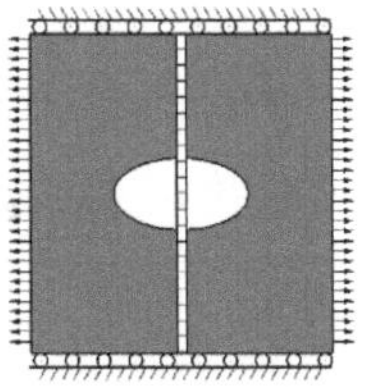	$\bar{\varepsilon}^{(1)}=(1,0,0)^{\mathrm{T}}$	$2Q^{(1)}=S_{1111}$
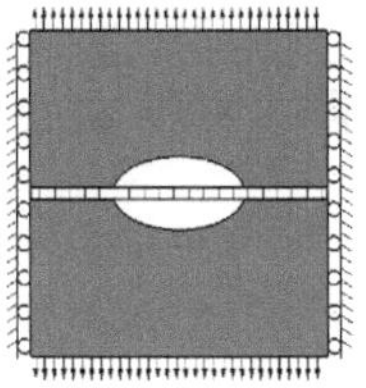	$\bar{\varepsilon}^{(2)}=(0,1,0)^{\mathrm{T}}$	$2Q^{(2)}=S_{2222}$
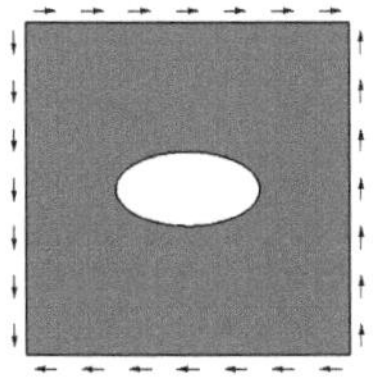	$\bar{\varepsilon}^{(3)}=(0,0,1)^{\mathrm{T}}$	$2Q^{(3)}=S_{1212}$
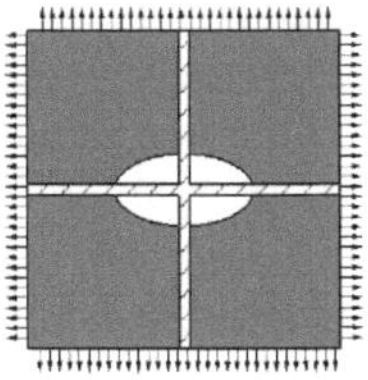	$\bar{\varepsilon}^{(4)}=(1,1,0)^{\mathrm{T}}$	$2Q^{(4)}=2S_{1122}+S_{1111}+S_{2222}$

RVE 等效弹性性能的能量表达式推导过程如下。例如，在二维 RVE 的第一种边界条件下，首先，给定 RVE 的边界条件为平均应变 $\bar{\varepsilon}^{(1)}=(1,0,0)^{\mathrm{T}}$，根据式（3.20）可求得相应的平均应力为 $\bar{\sigma}^{(1)}=(S_{1111},S_{1122},0)^{\mathrm{T}}$；然后，将平均应力和平均应变代入式（3.21）和式（3.23），可推导出刚度矩阵系数与 RVE 应变能关系的表达式为 $S_{1111}=2Q^{(1)}$。这里 $Q^{(1)}\sim Q^{(4)}$ 分别对应每种平均应变下的应变能。故复合材料二维等效刚度矩阵 S 为

$$S=\begin{bmatrix} 2Q^{(1)} & Q^{(4)}-Q^{(2)}-2Q^{(1)} & 0 \\ Q^{(4)}-Q^{(2)}-2Q^{(1)} & 2Q^{(2)} & 0 \\ 0 & 0 & 2Q^{(3)} \end{bmatrix} \tag{3.24}$$

对于三维情况，每种层板都有一个 x-y 弹性性能对称面。均匀等效体同样具有一个 x-y 弹性性能对称面，其矩阵 S 表达式为

$$S=\begin{bmatrix} S_{1111} & S_{1122} & S_{1133} & 0 & 0 & S_{1166} \\ S_{1122} & S_{2222} & S_{2233} & 0 & 0 & S_{2266} \\ S_{1133} & S_{2233} & S_{3333} & 0 & 0 & S_{3366} \\ 0 & 0 & 0 & S_{1212} & S_{1223} & 0 \\ 0 & 0 & 0 & S_{1223} & S_{2323} & 0 \\ S_{1166} & S_{2266} & S_{3366} & 0 & 0 & S_{1313} \end{bmatrix} \tag{3.25}$$

同上述原理相同，考虑到本书材料有三个弹性性能对称面，其矩阵 S 可表达为

$$S=\begin{bmatrix} S_{1111} & S_{1122} & S_{1133} & 0 & 0 & 0 \\ S_{1122} & S_{2222} & S_{2233} & 0 & 0 & 0 \\ S_{1133} & S_{2233} & S_{3333} & 0 & 0 & 0 \\ 0 & 0 & 0 & S_{1212} & 0 & 0 \\ 0 & 0 & 0 & 0 & S_{2323} & 0 \\ 0 & 0 & 0 & 0 & 0 & S_{1313} \end{bmatrix} \tag{3.26}$$

由于 RVE 和均质等效体的应变能 Q 相等，故有如下关系：

$$\begin{aligned} Q &= \int_{\Omega}\frac{1}{2}\left(\sigma_{11}\varepsilon_{11}+\sigma_{22}\varepsilon_{22}+\sigma_{33}\varepsilon_{33}+\sigma_{12}\varepsilon_{12}+\sigma_{23}\varepsilon_{23}+\sigma_{13}\varepsilon_{13}\right)\mathrm{d}\Omega \\ &= \frac{1}{2}\left(\overline{\sigma_{11}\varepsilon_{11}}+\overline{\sigma_{22}\varepsilon_{22}}+\overline{\sigma_{33}\varepsilon_{33}}+\overline{\sigma_{12}\varepsilon_{12}}+\overline{\sigma_{23}\varepsilon_{23}}+\overline{\sigma_{13}\varepsilon_{13}}\right)V \end{aligned} \tag{3.27}$$

同二维情况相似，在三维情况下，RVE 等效弹性性能的求解需要考虑 9 种不同的边界条件来计算。其边界条件分别为

$$\begin{aligned} &\bar{\varepsilon}^{(1)}=(1,0,0,0,0,0)^{\mathrm{T}},\ \bar{\varepsilon}^{(2)}=(0,1,0,0,0,0)^{\mathrm{T}},\ \bar{\varepsilon}^{(3)}=(0,0,1,0,0,0)^{\mathrm{T}} \\ &\bar{\varepsilon}^{(4)}=(0,0,0,1,0,0)^{\mathrm{T}},\ \bar{\varepsilon}^{(5)}=(0,0,0,0,1,0)^{\mathrm{T}},\ \bar{\varepsilon}^{(6)}=(0,0,0,0,0,1)^{\mathrm{T}} \\ &\bar{\varepsilon}^{(7)}=(1,1,0,0,0,0)^{\mathrm{T}},\ \bar{\varepsilon}^{(8)}=(0,1,1,0,0,0)^{\mathrm{T}},\ \bar{\varepsilon}^{(9)}=(1,0,1,0,0,0)^{\mathrm{T}} \end{aligned}$$

同理，对于三维情况下 RVE 等效弹性性能的能量表达式，其推导过程同上述相似。故其刚度矩阵系数 S_{ijij} 与 RVE 应变能 E 关系的表达式如下：

$$\begin{aligned} &S_{1111}=2Q^{(1)},\ S_{2222}=2Q^{(2)},\ S_{3333}=2Q^{(3)} \\ &S_{1212}=2Q^{(4)},\ S_{2323}=2Q^{(5)},\ S_{1313}=2Q^{(6)} \\ &S_{1122}=Q^{(7)}-Q^{(1)}-Q^{(2)},\ S_{2233}=Q^{(8)}-Q^{(2)}-Q^{(3)},\ S_{1133}=Q^{(9)}-Q^{(1)}-Q^{(3)} \end{aligned} \tag{3.28}$$

故复合材料三维等效刚度矩阵 S 为

$$S=\begin{bmatrix} 2Q^{(1)} & Q^{(7)}-Q^{(1)}-Q^{(2)} & Q^{(9)}-Q^{(1)}-Q^{(3)} & 0 & 0 & 0 \\ Q^{(7)}-Q^{(1)}-Q^{(2)} & 2Q^{(2)} & Q^{(8)}-Q^{(2)}-Q^{(3)} & 0 & 0 & 0 \\ Q^{(9)}-Q^{(1)}-Q^{(3)} & Q^{(8)}-Q^{(2)}-Q^{(3)} & 2Q^{(3)} & 0 & 0 & 0 \\ 0 & 0 & 0 & 2Q^{(4)} & 0 & 0 \\ 0 & 0 & 0 & 0 & 2Q^{(5)} & 0 \\ 0 & 0 & 0 & 0 & 0 & 2Q^{(6)} \end{bmatrix} \tag{3.29}$$

2. 经典层板理论修正方法

本书对经典层板理论的修正是通过对经典层板理论中整体刚度矩阵进行修正实现的。使用引进的层板性能等效算法取代经典层理论中整体刚度矩阵的求解方法，该性能等效算法分别采用子层刚度法和能量法两种性能等效算法获得层板刚度矩阵并以此来修正经典层板理论。

由于本书所研究的纤维金属层板材料为具有三个弹性性能对称面的正交各向异性层板材料，故经典层板理论修正主要针对该研究材料。分别基于子层刚度法和能量法修正经典层板理论过程如下：首先，通过式（3.1）、式（3.2）和式（3.4）获得每层材料在全局坐标系下的刚度矩阵；其次，分别通过子层刚度法和能量法获得层板的等效刚度矩阵，其表达式分别为式（3.12）和式（3.29）；然后，对所获得的等效刚度矩阵分别求逆矩阵，将其代入式（3.7）来求得层板中面应变，并将中面应变代入式（3.8）来求得材料坐标系下所求材料方向的应变；最后，根据材料的应力-应变本构关系，通过式（3.9），即可获得层板中金属层应力。

以本书所研究的纤维增强铝锂合金 2/1 层板和 3/2 层板试样为例。为了验证这两种修正方法的有效性及先进性，并考虑应力集中的影响，分别采用这两种修正的经典层板理论对其金属层应力进行预测。

3.5　金属层应力预测结果对比分析

为了验证 DIC 法测量层板金属层应力的准确性，本书对比了 DIC 法计算金属层应力和有限元法预测金属层应力的结果，其两种方法结果对比如图 3.7 所示。

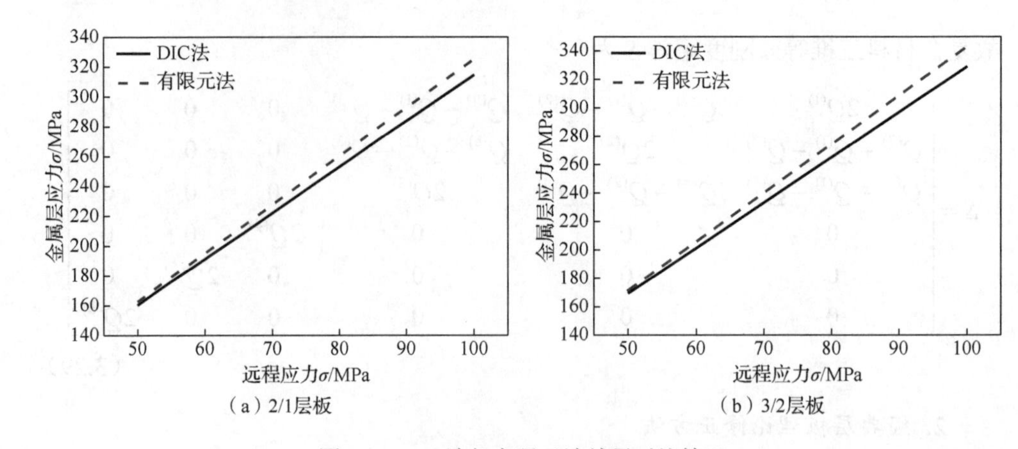

图 3.7　DIC 法与有限元法结果对比情况

由图 3.7 对比分析可知，通过 DIC 法测得的金属层应变转换成的应力结果与有限元仿真结果比较吻合。对于 2/1 层板，DIC 法计算的应力结果与有限元仿真结果最大误差为 2.12%；对于 3/2 层板，DIC 法计算的应力结果与有限元仿真结果最大误差为 3.68%。由此证明了该测试方法的准确性及实用性。从图中可以看出，有限元仿真结果随着远程应力的增加，其预测结果与有限元结果差异逐渐明显。

为了验证基于层板理论修正模型求解金属层应力的有效性及先进性，本书将修正后模型预测结果分别与 DIC 法预测结果和经典层板理论预测结果进行对比。各方法对比结果如图 3.8 所示。

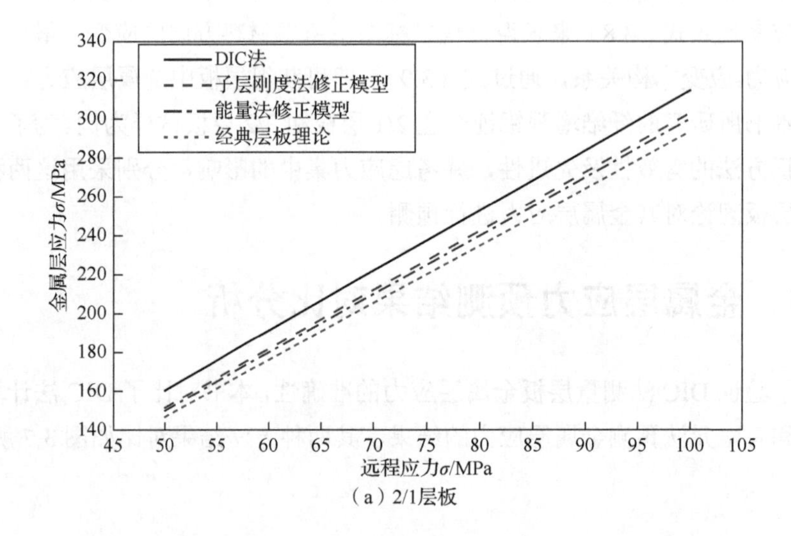

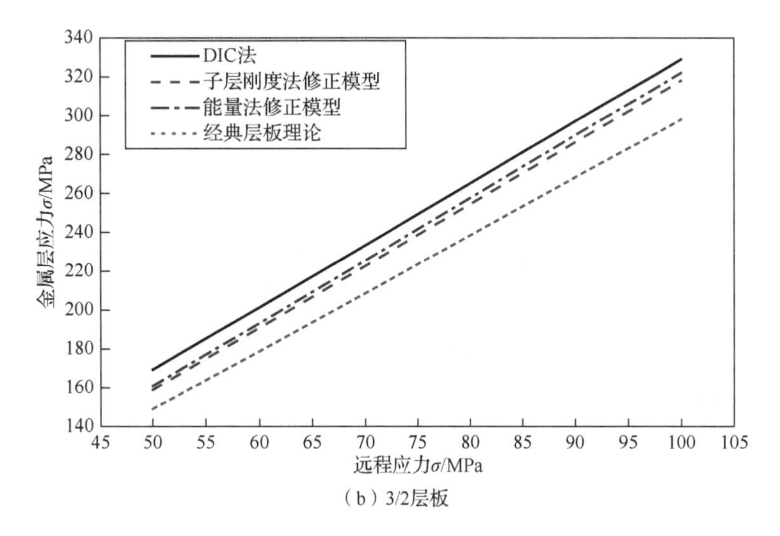

（b）3/2层板

图 3.8　基于不同模型预测的金属层应力结果

由图 3.8 可以看出，修正后的层板理论模型结果较经典层板理论结果更接近 DIC 法计算结果。对比分析表明，对于 2/1 层板和 3/2 层板：经典层板理论预测金属层应力结果与 DIC 法计算应力结果之间的最大误差分别为 9.91%和 13.15%；基于子层刚度法修正模型预测金属层应力结果与 DIC 法计算应力结果之间的最大误差分别为 7%和 7.32%，其准确度较经典层板理论分别提高了 2.91 个百分点和 5.83 个百分点；基于能量法修正模型预测金属层应力结果与 DIC 法计算应力结果之间的最大误差分别为 7.19%和 7.07%，其准确度较经典层板理论分别提高了 2.72 个百分点和 6.08 个百分点。通过上述对比，验证了两种修正模型的有效性和先进性。同时，由分析可知：对于 2/1 层板，基于子层刚度法的修正模型比能量法修正模型的精度更高一些，但两者相差不大；对于 3/2 层板，基于能量法的修正模型比子层刚度法修正模型的精度更高。故当层数少时，子层刚度法修正模型更适合；当层数多时，能量法修正模型更适合。

第4章

纤维金属层板典型过载下疲劳裂纹扩展性能分析

4.1 概述

国内外材料研究者针对纤维金属层板在恒幅载荷下的疲劳裂纹扩展性能进行了研究，发现不同于金属材料恒幅载荷下裂纹扩展速率随着裂纹长度增加而递增，纤维金属层板恒幅载荷下的裂纹以近乎恒定的速率进行扩展，表现出了优异的抗疲劳裂纹扩展性能。然而，作为航空材料，其变幅载荷下裂纹扩展性能同样受研究人员关注。目前，对于变幅载荷下纤维金属层板疲劳裂纹扩展行为的研究发现，层板在过载下产生与金属材料相似的过载迟滞效应。但不同过载方式（单峰拉伸过载及单峰压缩过载）及各过载参数（基准应力、过载比）对于其裂纹扩展行为的影响并没有被系统性研究。此外，关于变幅载荷下纤维金属层板疲劳裂纹预测模型的相关研究也极为缺乏。已有的相关预测模型主要来自金属材料裂纹扩展预测模型，有的模型未考虑到层板材料结构特点，其预测效果并不理想，有的模型考虑桥接应力影响，但需测定分层扩展常数，其测试工作量大且质量不易控制（由于层间性能影响因素复杂），故模型工程实用性有待加强。同时，纤维增强铝锂合金层板作为新型纤维金属层板，其相关研究报道较少。

本章通过对纤维增强铝锂合金层板在恒幅和典型过载载荷（单峰拉伸过载及单峰压缩过载）下测得的疲劳裂纹扩展速率进行对比，研究了层板在不同拉伸过载条件下的裂纹扩展迟滞效应和不同压缩过载条件下的裂纹扩展加速效应，并分析了基准应力、过载比对层板疲劳裂纹扩展行为的影响。在此基础上，以恒幅载荷下纤维金属层板的疲劳裂纹扩展特性为基础，采用等效裂纹长度的裂纹扩展速率唯象模型，并结合 Wheeler 模型（过载迟滞模型）来引入拉伸过载对恒幅疲劳裂纹扩展速率的影响，探索适用于纤维金属层板单峰拉伸过载下疲劳裂纹扩展预测方法；同时，基于经典层板理论，采用等效裂纹长度的裂纹扩展速率唯象模型，并结合增量塑性损伤理论来考虑压缩过载对恒幅疲劳裂纹扩展速率的影响，建立适用于纤维金属层板单峰压缩过载下疲劳裂纹扩展的预测方法。

4.2 典型过载下疲劳裂纹扩展行为

为了进行纤维增强铝锂合金层板在过载下的疲劳裂纹扩展研究，开展层板在恒幅和典型过载下疲劳裂纹扩展试验。典型过载下疲劳裂纹扩展试验包括单峰拉伸过载疲劳裂纹扩展试验和单峰压缩过载疲劳裂纹扩展试验。

为保证疲劳裂纹扩展试验在线弹性应力状态下进行，试验最小裂纹扩展速率控制在 3×10^{-5}～5×10^{-5}mm/次，根据航空载荷谱特点选取应力比，故选取恒幅 R=0.06 下的应力峰值（也就是过载载荷基准应力）S_{max}=70MPa。单峰拉伸过载疲劳裂纹扩展试验的试验参数分别为 S_{max}=70MPa、a_{ol}=15mm、R_{ol}=1.4 和 S_{max}=70MPa、a_{ol}=15mm、R_{ol}=1.8，单峰压缩过载疲劳裂纹扩展试验的试验参数分别为 S_{max}=70MPa、a_{ol}=15mm、R_{ol}=−0.6 和 S_{max}=70MPa、a_{ol}=15mm、R_{ol}=−1.8。

为研究不同基准应力下过载形式及过载比的影响，选取恒幅 R=0.06 下的应力峰值（过载载荷基准应力）S_{max}=110MPa。单峰拉伸过载疲劳裂纹扩展试验的试验参数分别为 S_{max}=110MPa、a_{ol}=15mm、R_{ol}=1.4 和 S_{max}=110MPa、a_{ol}=15mm、R_{ol}=1.8，单峰压缩过载疲劳裂纹扩展试验的试验参数分别为 S_{max}=110MPa、a_{ol}=15mm、R_{ol}=−0.6 和 S_{max}=110MPa、a_{ol}=15mm、R_{ol}=−1.8。

最后，在试验测得的 a-N 数据的基础上，采用式（2.1）所表述的割线法，计算出层板的疲劳裂纹扩展速率 $\mathrm{d}a/\mathrm{d}N$ 。

4.2.1 单峰拉伸过载对恒幅疲劳裂纹扩展行为影响

下面分别将纤维增强铝锂合金层板在恒幅载荷、单峰拉伸过载下不同基准应力水平时对应的疲劳裂纹长度 a 和疲劳裂纹扩展速率 $\mathrm{d}a/\mathrm{d}N$ 绘制成 a-$\mathrm{d}a/\mathrm{d}N$ 曲线，通过对比相同应力水平（低应力水平、高应力水平）下恒幅载荷和不同过载比的单峰拉伸过载下的 a-$\mathrm{d}a/\mathrm{d}N$ 曲线，分析单峰拉伸过载及不同过载比 R_{ol} 对不同应力水平（低应力水平、高应力水平）下恒幅疲劳裂纹扩展速率的影响。

通过对比纤维增强铝锂合金层板在恒幅应力 S_{max}=70MPa、基准应力 S_{max}=70MPa 下单峰拉伸过载比 R_{ol}=1.4 及单峰拉伸过载比 R_{ol}=1.8 时的 a-$\mathrm{d}a/\mathrm{d}N$ 曲线，如图 4.1 和图 4.2 所示，分析在低应力下单峰拉伸过载及过载比 R_{ol}=1.4、R_{ol}=1.8 对恒幅裂纹扩展速率的影响。图中，纤维增强铝锂合金层板在恒幅应力 S_{max}=70MPa 下疲劳裂纹扩展速率随着裂纹长度的增加有微小幅度逐渐加快的倾向。

纤维增强铝锂合金层板在恒幅应力 S_{max}=70MPa、基准应力 S_{max}=70MPa 下单峰拉伸过载比 R_{ol}=1.4 时的 a-$\mathrm{d}a/\mathrm{d}N$ 曲线如图 4.1 所示。图中，纤维增强铝锂合金层板在裂纹扩展到长度为 15mm 时，当受单峰拉伸过载比 R_{ol}=1.4 后，表现出同金属材料相似的过载迟滞现象。在施加过载比 R_{ol}=1.4 的过载载荷后，裂纹扩展进入缓慢扩展阶段，其疲劳裂纹扩展速率迅速减小。当裂纹扩展至一定长度后，其裂纹扩展速率恢复为恒幅载荷下裂纹相应长度所对应的裂纹扩展速率。产生这一现象是由于同单一金属材料疲劳裂纹扩展性能类似，层板裂纹尖端由于过载产生过载塑性区，从而导致层板过载后出现疲劳裂纹扩展迟滞效应。

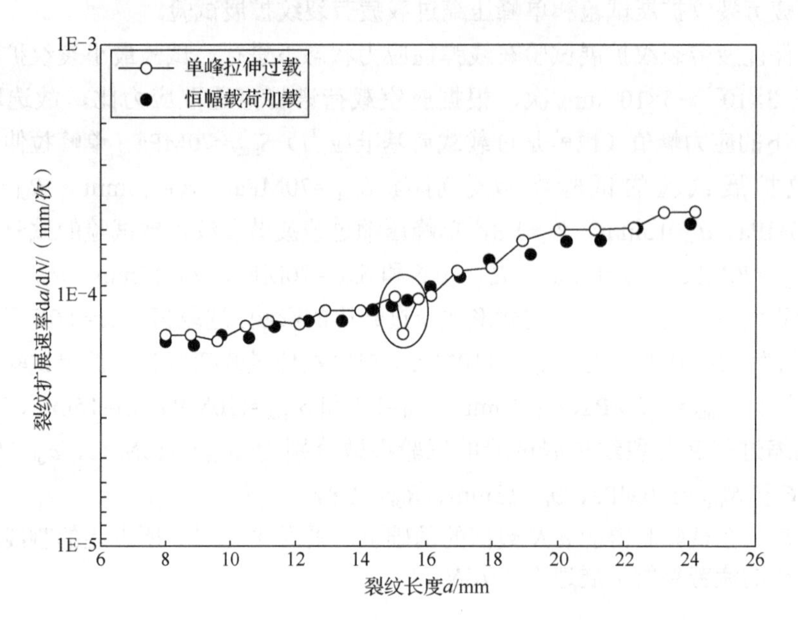

图 4.1　纤维增强铝锂合金层板在恒幅应力 70MPa 及其单峰拉伸过载比 R_{ol}=1.4 下疲劳裂纹扩展速率情况

纤维增强铝锂合金层板在恒幅应力 S_{max}=70MPa 与基准应力 S_{max}=70MPa 下单峰拉伸过载比 R_{ol}=1.8 时的 a-da/dN 曲线如图 4.2 所示。图中，纤维增强铝锂合金层板在裂纹扩展到长度为 15mm 时，当受单峰拉伸过载比 R_{ol}=1.8 后，表现出同金属材料相似的过载迟滞现象。在施加过载比 R_{ol}=1.8 的过载载荷后，裂纹扩展进入缓慢扩展阶段，其疲劳裂纹扩展速率迅速减小。当裂纹扩展至一定长度后，其裂纹扩展速率恢复为恒幅载荷下裂纹相应长度所对应的裂纹扩展速率。产生这一现象是由于同单一金属材料疲劳裂纹扩展性能类似，层板裂纹尖端由于过载产生过载塑性区，从而导致层板过载后出现疲劳裂纹扩展迟滞效应。

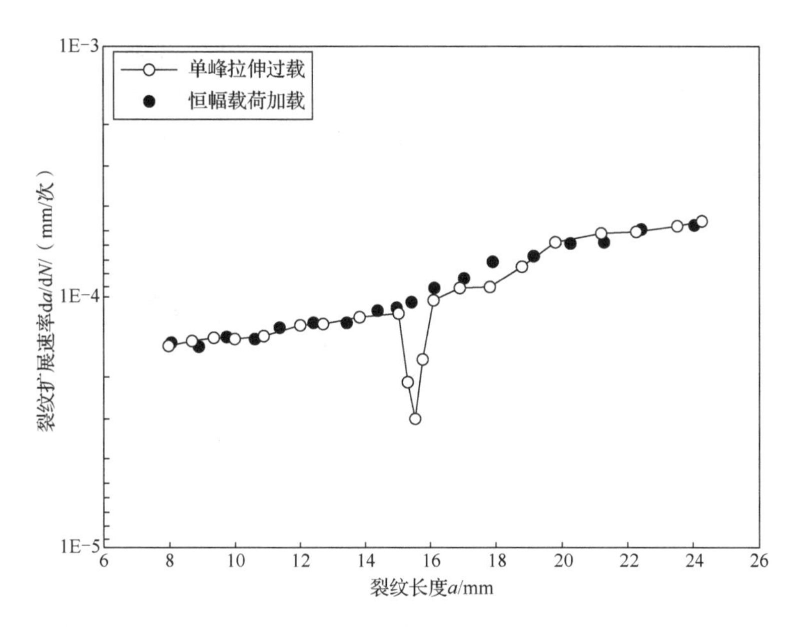

图 4.2 纤维增强铝锂合金层板在恒幅应力 70MPa 及其单峰拉伸过载比 R_{ol}=1.8 下疲劳裂纹扩展速率情况

对比纤维增强铝锂合金层板在恒幅应力 S_{max}=110MPa、基准应力 S_{max}=110MPa 下单峰拉伸过载比 R_{ol}=1.4 及单峰拉伸过载比 R_{ol}=1.8 时的 a-da/dN 曲线，如图 4.3 和图 4.4 所示，分析在高应力下单峰拉伸过载及过载比 R_{ol}=1.4、R_{ol}=1.8 对恒幅裂纹扩展速率的影响。图中，纤维增强铝锂合金层板在恒幅应力 S_{max}=110MPa 下疲劳裂纹扩展速率随着裂纹长度的增加有微小幅度逐渐加快的倾向。

纤维增强铝锂合金层板在恒幅应力 S_{max}=110MPa、基准应力 S_{max}=110MPa 下单峰拉伸过载比 R_{ol}=1.4 时的 a-da/dN 曲线如图 4.3 所示。图中，层板材料在裂纹扩展到长度为 15mm 时，当受单峰拉伸过载比 R_{ol}=1.4 后，表现出同金属材料裂纹扩展性能相似的过载迟滞行为。当施加拉伸过载比 R_{ol}=1.4 载荷后，疲劳裂纹扩展进入缓慢扩展阶段，其裂纹扩展速率迅速减小。当裂纹扩展至一定长度后，其裂纹扩展速率恢复为恒幅载荷下裂纹相应长度所对应的裂纹扩展速率。纤维增强铝锂合金层板在恒幅应力 S_{max}=110MPa 与基准应力 S_{max}=110MPa 下单峰拉伸过载比 R_{ol}=1.8 时的 a-da/dN 曲线如图 4.4 所示。图中，纤维增强铝锂合金层板在裂纹扩展到长度为 15mm 时，当受单峰拉伸过载比 R_{ol}=1.8 后，表现出同金属材料裂纹扩展性能相似的过载迟滞行为。在施加过载比 R_{ol}=1.8 的过载载荷后，裂纹扩展进入缓慢扩展阶段，其疲劳裂纹扩展速率迅速减小。当裂纹扩展至一定长度后，其裂纹扩展速率恢复为恒幅载荷下裂纹相应长度所对应的裂纹扩展速率。在图 4.3 和图 4.4 中两种单峰过载情况下，其疲劳裂纹扩展行为在受到单峰拉伸过载载荷后均出现了过载迟滞效应，当裂纹扩展出迟滞区域后，裂纹扩展速率均可恢复为恒幅载荷下裂纹扩展速率。产生这一现象是层板裂纹尖端由于过载产生过载塑性区，从而导致层板过载后出现疲劳裂纹扩展迟滞效应。同时，研究发现，随着基准应力水平增加，裂纹扩展迟滞效应更容易发生且明显增强，随着拉伸过载比增大，裂纹扩展迟滞效应明显增强。

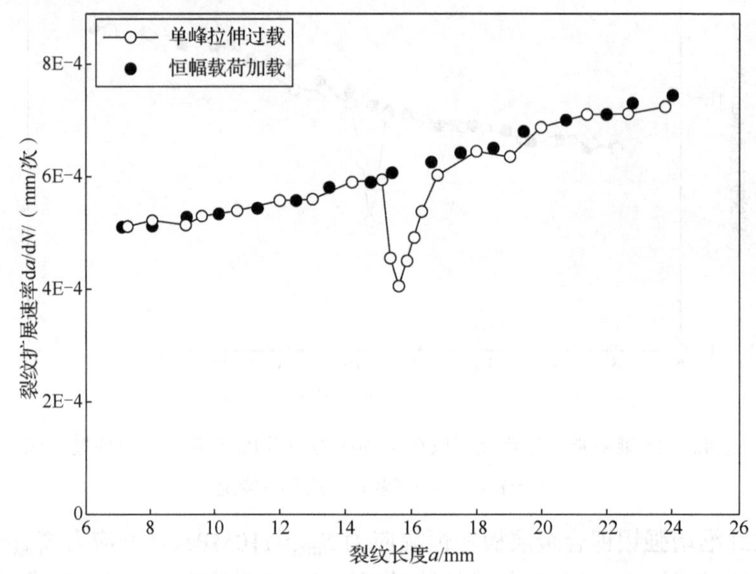

图 4.3 纤维增强铝锂合金层板在恒幅应力 110MPa 及其单峰拉伸过载比 R_{ol}=1.4 下疲劳裂纹扩展速率情况

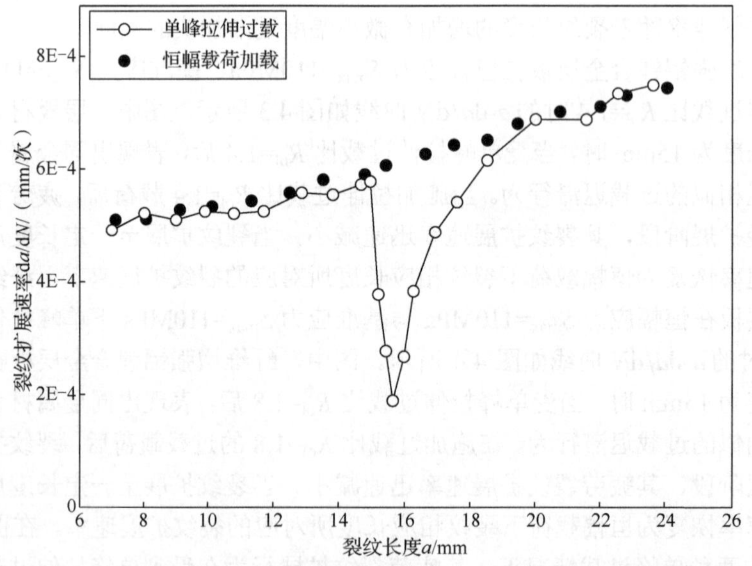

图 4.4 纤维增强铝锂合金层板在恒幅应力 110MPa 及其单峰拉伸过载比 R_{ol}=1.8 下疲劳裂纹扩展速率情况

4.2.2　单峰压缩过载对恒幅疲劳裂纹扩展行为影响

下面分别将纤维增强铝锂合金层板在恒幅载荷、单峰压缩过载下不同基准应力水平时对应的疲劳裂纹长度 a 和裂纹扩展速率 $\mathrm{d}a/\mathrm{d}N$ 绘制成 a-$\mathrm{d}a/\mathrm{d}N$ 曲线，通过对比相同应力水平（低应力水平、高应力水平）下恒幅载荷和不同过载比的单峰压缩过载下的 a-$\mathrm{d}a/\mathrm{d}N$ 曲线，分析单峰压缩过载及不同过载比 R_{ol} 对不同应力水平（低应力水平、高应力水平）下恒幅疲劳裂纹扩展速率的影响。

通过对比纤维增强铝锂合金层板在恒幅应力 $S_{\max}$=70MPa、基准应力 $S_{\max}$=70MPa 下单峰压缩过载比 R_{ol}=−0.6 及单峰压缩过载比 R_{ol}=−1.8 时的 a-$\mathrm{d}a/\mathrm{d}N$ 曲线，如图 4.5 和图 4.6 所示，分析在低应力下单峰压缩过载及过载比 R_{ol}=−0.6、R_{ol}=−1.8 对恒幅裂纹扩展速率的影响。如上述分析，纤维增强铝锂合金层板在恒幅应力 $S_{\max}$=70MPa 下疲劳裂纹扩展速率随着裂纹长度的增加有微小幅度逐渐加快的倾向。

纤维增强铝锂合金层板在恒幅应力 $S_{\max}$=70MPa、基准应力 $S_{\max}$=70MPa 下单峰压缩过载比 R_{ol}=−0.6 时的 a-$\mathrm{d}a/\mathrm{d}N$ 曲线如图 4.5 所示。图中，层板材料在裂纹扩展到长度为 15mm 时，当受单峰压缩过载比 R_{ol}=−0.6 后，疲劳裂纹扩展速率变化不大，同未过载恒幅载荷下裂纹扩展速率相近。从断裂力学角度分析，层板受压缩过载载荷时，由于层板金属层残余拉应力的抵消作用，其压缩应力不足以使金属层产生塑性损伤，导致层板疲劳裂纹扩展速率未明显改变。

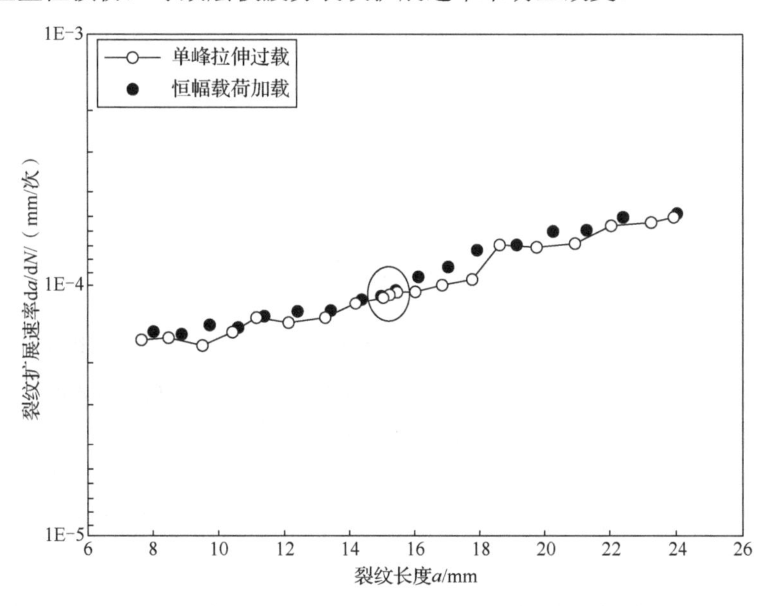

图 4.5　纤维增强铝锂合金层板在恒幅应力 70MPa 及其单峰压缩过载比 R_{ol}=−0.6 下疲劳裂纹扩展速率情况

纤维增强铝锂合金层板在恒幅应力 S_{max}=70MPa、基准应力 S_{max}=70MPa 下单峰压缩过载比 R_{ol}=−1.8 时的 a-da/dN 曲线如图 4.6 所示。图中，纤维增强铝锂合金层板在裂纹扩展到长度为 15mm 时，当受单峰压缩过载比 R_{ol}=−1.8 后，表现出同金属材料相似的过载加速现象。在施加过载比 R_{ol}=−1.8 的过载载荷后，裂纹扩展进入加速扩展阶段，其疲劳裂纹扩展速率迅速增加。当裂纹扩展至一定长度后，其裂纹扩展速率恢复为恒幅载荷下裂纹相应长度所对应的裂纹扩展速率。从断裂力学角度分析，层板受压缩过载载荷时，金属层中所受压缩应力使金属层产生塑性损伤，其结果加速了疲劳裂纹扩展速率。

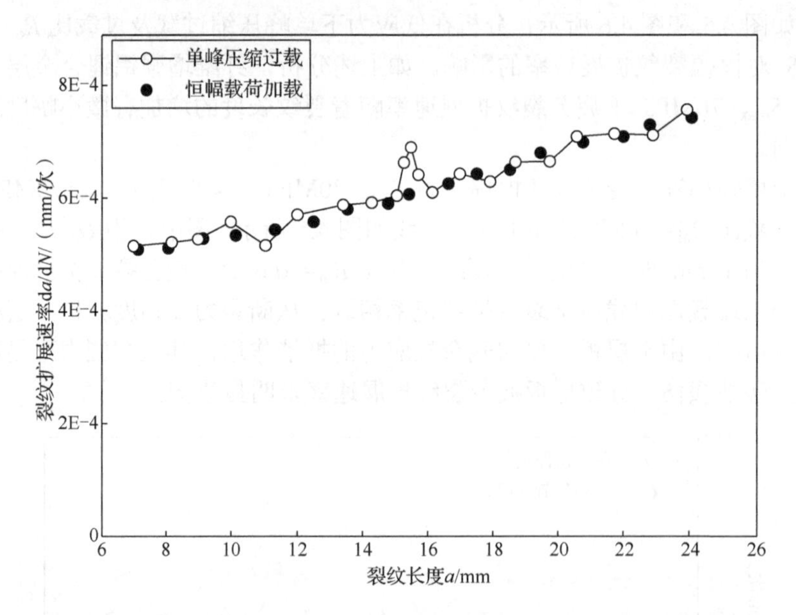

图 4.6 纤维增强铝锂合金层板在恒幅应力 70MPa 及其单峰压缩过载比 R_{ol}=−1.8 下疲劳裂纹扩展速率情况

通过对比纤维增强铝锂合金层板在恒幅应力 S_{max}=110MPa、基准应力 S_{max}=110MPa 下单峰压缩过载比 R_{ol}=−0.6 及单峰压缩过载比 R_{ol}=−1.8 时的 a-da/dN 曲线，如图 4.7 和图 4.8 所示，分析在高应力下单峰压缩过载及过载比 R_{ol}=−0.6、R_{ol}=−1.8 对恒幅裂纹扩展速率的影响。如上述分析，纤维增强铝锂合金层板在恒幅应力 S_{max}=110MPa 下疲劳裂纹扩展速率随着裂纹长度的增加有微小幅度逐渐加快的倾向。

纤维增强铝锂合金层板在恒幅应力 S_{max}=110MPa、基准应力 S_{max}=110MPa 下单峰压缩过载比 R_{ol}=−0.6 时的 a-da/dN 曲线如图 4.7 所示。图中，层板材料在裂纹扩展到长度为 15mm 时，当受单峰压缩过载比 R_{ol}=−0.6 后，疲劳裂纹扩展速率变化不大，同未过载恒幅载荷下裂纹扩展速率相近。从断裂力学角度分析，层板受压缩过载载荷时，由于层板金属层残余拉应力的抵消作用，其压缩应力不足以使金属层产生塑性损伤，导致层板疲劳裂纹扩展速率未明显改变。纤维增强铝锂合金层板在恒幅应力 S_{max}=110MPa、基准应力 S_{max}=110MPa 下单峰压缩过载比 R_{ol}=−1.8 时的 a-da/dN 曲线如图 4.8 所示。图中，纤维增强铝锂合金层板在裂纹扩展到长度为 15mm 时，当受单峰压缩过载比 R_{ol}=−1.8 后，表现出同金属材料相似的过载加速现象。在施加过载比 R_{ol}=−1.8 的过载载荷后，裂纹扩展进入加速扩展阶段，其疲劳裂纹扩展速率迅速增加。当裂纹扩展至一定长度后，其裂纹扩展速率恢复为恒幅载荷下裂纹相应长度所对应的裂纹扩展速率。产生这一现象的原因是层板受压缩过载载荷时，金属层中所受压缩应力使金属层产生塑性损伤，进而促使裂纹加速扩展。此外，分析发现，随着基准应力水平和压缩过载比的增加，疲劳裂纹扩展加速效应更加明显。

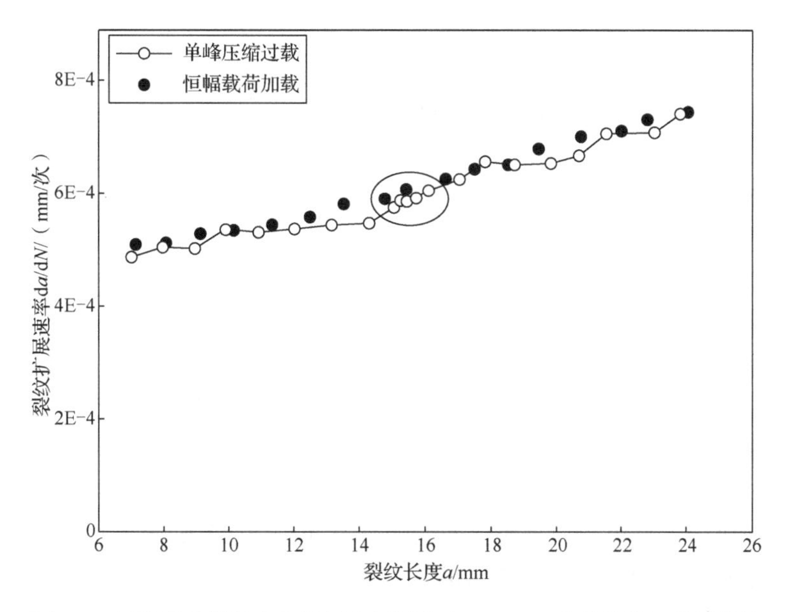

图 4.7　纤维增强铝锂合金层板在恒幅应力 110MPa 及其单峰压缩过载比 R_{ol}=−0.6 下疲劳裂纹扩展速率情况

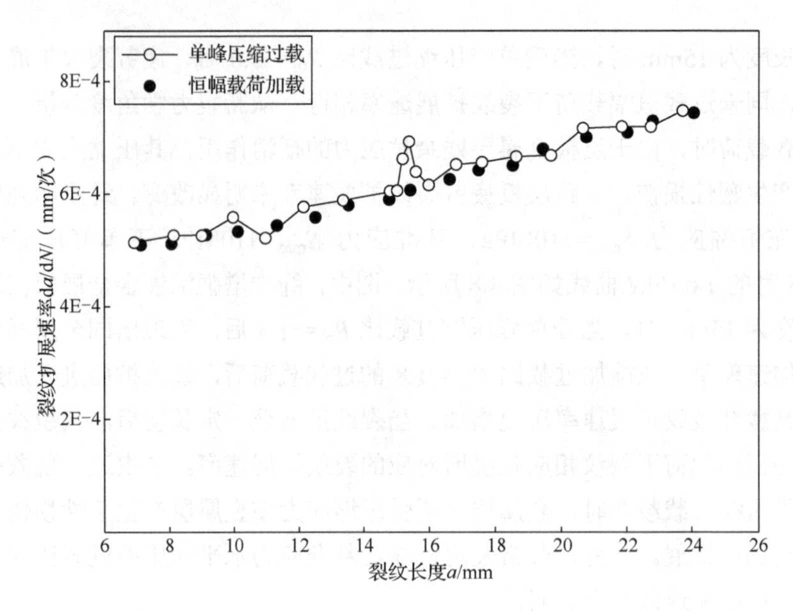

图 4.8 纤维增强铝锂合金层板在恒幅应力 110MPa 及其单峰压缩过载比 R_{ol}=−1.8 下疲劳裂纹扩展速率情况

■ 4.3 典型过载下疲劳裂纹扩展预测

在仅有的变幅载荷下纤维金属层板裂纹扩展预测研究中，一类模型是源于金属材料裂纹扩展理论，如线性损伤累积、Corpus 模型[167]、Wheeler 模型[168]，其预测结果并不理想（这是由于上述模型并未考虑该层板的结构特征，即未考虑桥接效应与过载效应的交互影响）；另一类模型是以桥接应力为基础结合金属裂纹扩展理论，如以 Marissen[16]、Alderliesten[8]等模型为基础，结合金属裂纹扩展理论，并考虑过载效应的影响。然而，该理论方法的实现需对分层扩展常数进行测量，由于层间影响复杂，其测试工作量大且质量难控制，导致在工程中模型实用性不强。

对于纤维金属层板，计算桥接应力的分布和描述分层扩展情况十分复杂，其流程和质量难以控制。如果像金属材料那样可以避开这些复杂的分析计算，层板裂纹扩展预测将为工程应用带来极大方便。本节以恒幅载荷下纤维金属层板的疲劳裂纹扩展特性为基础，根据裂纹扩展特征，对基于等效裂纹长度的裂纹扩展速率唯象模型进行修正，并结合 Wheeler 模型（过载迟滞模型）来引入拉伸过载对恒幅疲劳裂纹扩展速率的影响，探索适用于纤维金属层板单峰拉伸过载下疲劳裂纹扩展预测方法；同时，采用基于裂纹扩展特征修正的等效裂纹长度的裂纹扩展速率唯象模型，并引进增量塑性损伤理论来考虑压缩过载对恒幅疲劳裂纹扩展速率的影响，建立适用于纤维金属层板单峰压缩过载下疲劳裂纹扩展的预测方法。

4.3.1　单峰拉伸过载疲劳裂纹扩展预测研究

1. 基于等效裂纹长度的裂纹扩展速率唯象模型

对于大部分纤维金属层板，经过一定次数的疲劳载荷循环以后，其疲劳裂纹速率将以近似恒定的速率扩展[24]。这是因为层板的分层扩展速率和疲劳裂纹扩展速率都取决于桥接应力，当纤维桥接作用使得裂纹扩展和分层扩展之间达到完全平衡时，两者的相互调节导致裂纹进行较稳定的扩展[24]。

由裂纹扩展速率方程可知，层板裂纹稳定扩展的有效应力强度因子幅 ΔK_{eff} 为常数，其表达式如下：

$$\Delta K_{\text{eff}} = \Delta\sigma\sqrt{\pi l_0} \tag{4.1}$$

式中，$\Delta\sigma$ 为层板的远程应力幅；l_0 为层板的等效裂纹长度，这里为常数。

对于有限大的板材试样，层板远程应力幅 $\Delta\sigma$ 引起的应力强度因子幅 ΔK 的表达式为

$$\Delta K = F\Delta\sigma\sqrt{\pi a} \tag{4.2}$$

式中，F 为层板试样的构型因子。对于 M（T）试样，其表达式为

$$F = \sqrt{\sec(\pi a/w)} \tag{4.3}$$

式中，w 为层板试样的总宽度；a 为 M（T）试样中心左/右疲劳裂纹长度。

故层板内金属层的有效应力强度因子幅 ΔK_{eff} 与远程应力引起的强度因子幅 ΔK 之比的表达式为

$$\frac{\Delta K_{\text{eff}}}{\Delta K} = \frac{\sqrt{l_0}}{F\sqrt{a}} \tag{4.4}$$

由于存在锯切裂纹，在疲劳裂纹扩展初始阶段，纤维未发生桥接作用或桥接作用未完全发挥，导致裂纹扩展较快。考虑到该影响，在上式中引入常数 B，则

$$\frac{\Delta K_{\text{eff}}}{\Delta K} = \frac{\sqrt{l_0}}{F\sqrt{a-B}} \tag{4.5}$$

当疲劳裂纹长度 a 与锯切裂纹 a_{s} 长度相同时，未发生纤维桥接作用，则 $\Delta K_{\text{eff}}/\Delta K = 1$，有

$$B = a_{\text{s}} - \frac{l_0}{F_0^2} \tag{4.6}$$

式中，F_0 为当疲劳裂纹长度与锯切裂纹长度相同时的 F 值。将式（4.6）代入式（4.5）有

$$\frac{\Delta K_{\text{eff}}}{\Delta K} = \frac{\sqrt{l_0}}{F\sqrt{(a-a_{\text{s}}) + l_0/F_0^2}} \tag{4.7}$$

将式（4.2）代入式（4.7），则纤维金属层板有效应力强度因子方程[24]为

$$\Delta K_{\text{eff}} = \frac{\sqrt{l_0}}{F\sqrt{(a-a_{\text{s}})+l_0/F_0^2}}\Delta\sigma\sqrt{\pi a} \tag{4.8}$$

式中，常数 l_0 可由疲劳裂纹扩展试验中测得的裂纹扩展速率 $\mathrm{d}a/\mathrm{d}N$ 逆推计算获得。基于 Walker 方程，l_0 的表达式为

$$l_0 = \frac{M^2}{1/F^2 - M^2/F_0^2}(a-a_{\text{s}}) \tag{4.9}$$

式中，

$$M = \Delta K_{\text{eff}}/\Delta K \tag{4.10}$$

$$\frac{\Delta K_{\text{eff}}}{\Delta K} = \frac{\sqrt[n_1]{\mathrm{d}a/\mathrm{d}N}}{\sqrt[n_1]{C_1}\left(1-R_{\text{c}}\right)^{m_1-1}\left(F\Delta\sigma\sqrt{\pi a}\right)} \tag{4.11}$$

$$R_{\text{c}} = \frac{\sigma_{\min}-\sigma_{\text{o}}}{\sigma_{\max}-\sigma_{\text{o}}} \tag{4.12}$$

$$\sigma_{\text{o}} = -\frac{E_{\text{lam}}}{E_{\text{Al}}}\sigma_{\text{r,Al}} \tag{4.13}$$

其中，C_1、m_1、n_1 为层板组分金属裂纹扩展常数，R_{c} 为层板组分金属有效循环应力比，σ_{o} 为纤维金属层板组分金属所受实际应力为 0 时需对层板施加的应力，E_{lam} 为层板的弹性模型，E_{Al} 为组分金属的弹性模量，$\sigma_{\text{r,Al}}$ 为组分金属的残余应力，$\mathrm{d}a/\mathrm{d}N$ 可由试验获得。

2. 等效裂纹长度唯象模型的修正

通过 4.2 节试验数据分析发现，纤维增强铝锂合金 2/1 层板在恒幅载荷下疲劳裂纹扩展速率随着裂纹长度的增加有微小幅度逐渐加快的倾向。也就是说，纤维增强铝锂合金层板的纤维桥接作用较弱，使得层板的分层扩展与裂纹扩展之间不能达到完全平衡，导致随着裂纹长度增加其疲劳裂纹扩展速率有微小幅度的加快。纤维桥接作用较弱可能是受层板组分材料厚度效应的影响，具体原因有待进一步分析研究。

根据纤维增强铝锂合金层板恒幅疲劳裂纹扩展行为特征，为使等效裂纹长度的裂纹扩展速率唯象模型适用于所研究层板材料的裂纹扩展特征，需对该等效裂纹长度的唯象模型进行改进。通过试验数据分析可知，纤维增强铝锂合金层板在恒幅载荷下以近似恒定的速率扩展一段裂纹长度后，其裂纹扩展速率有微小幅度加快的倾向。产生这一现象是由于层板桥接作用较弱导致层板的分层扩展与裂纹扩展之间不能达到完全平衡。这里我们假设，桥接作用的强弱是层板本身属性决定的。

对于纤维金属层板，当桥接应力使得分层扩展与裂纹扩展相互调节而导致裂纹稳定扩展时，基于 Walker 方程，恒幅载荷下纤维金属层板疲劳裂纹扩展速率 $\mathrm{d}a/\mathrm{d}N$ 的表达式为

$$\left(\frac{\mathrm{d}a}{\mathrm{d}N}\right)_{\mathrm{wen}}=C_1\left[\left(1-R_{\mathrm{c}}\right)^{m_1-1}\Delta K_{\mathrm{eff}}\right]^{n_1} \tag{4.14}$$

当桥接应力使得层板的分层扩展与裂纹扩展之间不能达到完全平衡而导致裂纹微小幅度加速扩展时，且根据上文裂纹扩展行为分析可知，裂纹扩展速率呈线性增加，故恒幅载荷下纤维金属层板疲劳裂纹扩展速率 $\mathrm{d}a/\mathrm{d}N$ 的表达式可表示为

$$\left(\frac{\mathrm{d}a}{\mathrm{d}N}\right)_{\mathrm{con}}=k\left(\frac{\mathrm{d}a}{\mathrm{d}N}\right)_{\mathrm{wen}} \tag{4.15}$$

式中，k 为桥接效应因子。当分层扩展与裂纹扩展相互调节达到平衡时 $k=1$，当分层扩展与裂纹扩展不能达到完全平衡时 k 为变量，与裂纹长度、应力水平有关，是层板本身的一个性能参数。研究发现，k 值与疲劳裂纹长度成正比，与应力水平成反比，是裂纹长度与应力水平的函数。参数 k 的表达式为

$$k=\frac{110\left(Aa+B\right)}{\sigma_{\max}} \tag{4.16}$$

式中，$\sigma_{\max}$ 为层板施加的远程应力峰值；a 为裂纹长度。参数 A 和 B 可通过疲劳裂纹扩展试验中测得的裂纹扩展速率计算。这里，对于纤维增强铝锂合金层板，A=0.0534，B=0.5。

因此，当层板的分层扩展与裂纹扩展之间不能达到完全平衡而导致裂纹微小幅度加速扩展时，恒幅载荷下纤维增强铝锂合金层板疲劳裂纹扩展速率 $\mathrm{d}a/\mathrm{d}N$ 的表达式为

$$\left(\frac{\mathrm{d}a}{\mathrm{d}N}\right)_{\mathrm{con}}=\frac{110\left(Aa+B\right)}{\sigma_{\max}}\left\{C_1\left[\left(1-R_{\mathrm{c}}\right)^{m_1-1}\Delta K_{\mathrm{eff}}\right]^{n_1}\right\} \tag{4.17}$$

3. 拉伸过载下结合 Wheeler 模型疲劳裂纹扩展预测

对于纤维增强铝锂合金层板在拉伸过载下的疲劳裂纹扩展行为，由于层板在拉伸过载下发生了过载迟滞效应，故采用过载迟滞模型来描述拉伸过载效应对恒幅裂纹扩展的影响，以实现层板在拉伸过载下疲劳裂纹扩展速率的预测。

过载迟滞模型是一种简单的交互作用模型，本节采用 Wheeler 模型作为过载迟滞模型的典型代表。Wheeler 模型假定[168]：①拉伸过载时，正向超载使得裂纹尖端产生一个直径 D_{Y2} 较大的受压塑性区，当基准载荷循环产生直径 D_{Y1} 较小的塑性区逐渐扩展至相切于之前形成的直径 D_{Y2} 的塑性区时，裂纹扩展迟滞作用消失；②在直径 D_{Y1} 的塑性区发展过程中，越逼近与较大塑性区相切的状态，裂纹扩展迟滞效应将越弱。其原理见图 4.9。

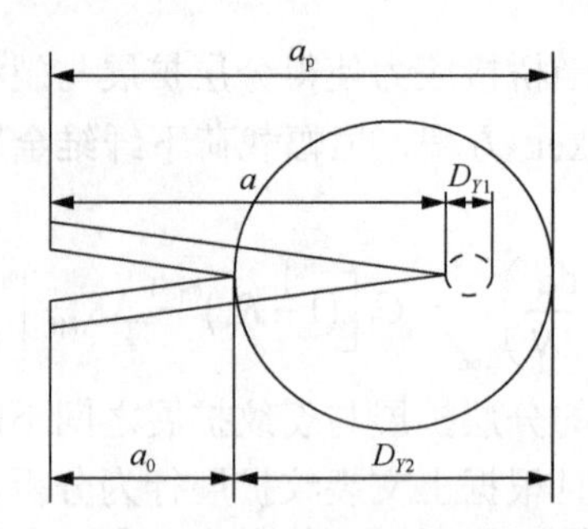

图 4.9 Wheeler 模型原理示意图

在裂纹扩展迟滞周期内，其裂纹扩展速率 da/dN 的表达式为

$$\left(\frac{\mathrm{d}a}{\mathrm{d}N}\right)_{\mathrm{ret}} = C_{\mathrm{p}}\left(\frac{\mathrm{d}a}{\mathrm{d}N}\right)_{\mathrm{con}} \tag{4.18}$$

式中，$\left(\frac{\mathrm{d}a}{\mathrm{d}N}\right)_{\mathrm{con}}$ 为恒幅载荷下对应的裂纹扩展速率；C_{p} 为裂纹扩展迟滞系数，其表达式为

$$C_{\mathrm{p}} = \begin{cases} \left(\dfrac{D_{Y1}}{a_{\mathrm{p}} - a}\right)^m = \left(\dfrac{D_{Y1}}{a_0 + D_{Y2} - a}\right)^m, & a + D_{Y1} < a_{\mathrm{p}} \\ 1, & a + D_{Y1} \geqslant a_{\mathrm{p}} \end{cases} \tag{4.19}$$

其中，m 为裂纹迟滞指数，D_{Y2} 为正超载产生的塑性区直径，D_{Y1} 为当前交变载荷产生的塑性区直径。

基于 Wheeler 模型拉伸过载下疲劳裂纹扩展行为预测，其流程如图 4.10 所示。

4. 拉伸过载下疲劳裂纹扩展预测模型验证

纤维增强铝锂合金层板在基准应力 $S_{\max}$=70MPa 下单峰拉伸过载比 R_{ol}=1.4 及过载比 R_{ol}=1.8 时 a-da/dN 试验曲线与预测曲线如图 4.11 和图 4.12 所示。从图中可以看出，在较低基准应力下（$S_{\max}$=70MPa）在单峰拉伸过载比 R_{ol}=1.4 及过载比 R_{ol}=1.8 时的 a-da/dN 试验曲线与预测曲线吻合较好。其中，对于两过载比 R_{ol}=1.4 及 R_{ol}=1.8 下的预测曲线，在受过载之前阶段，与试验曲线均存在相对较大差异；在疲劳裂纹过载迟滞周期内，与试验曲线过载趋势均吻合较好；在过载迟滞效应之后阶段，与试验曲线相对差异均较小。总体上讲，本章所提出的拉伸过载下疲劳裂纹扩展预测模型对于较低基准应力下不同过载比的裂纹扩展预测具有相对较高的准确度。

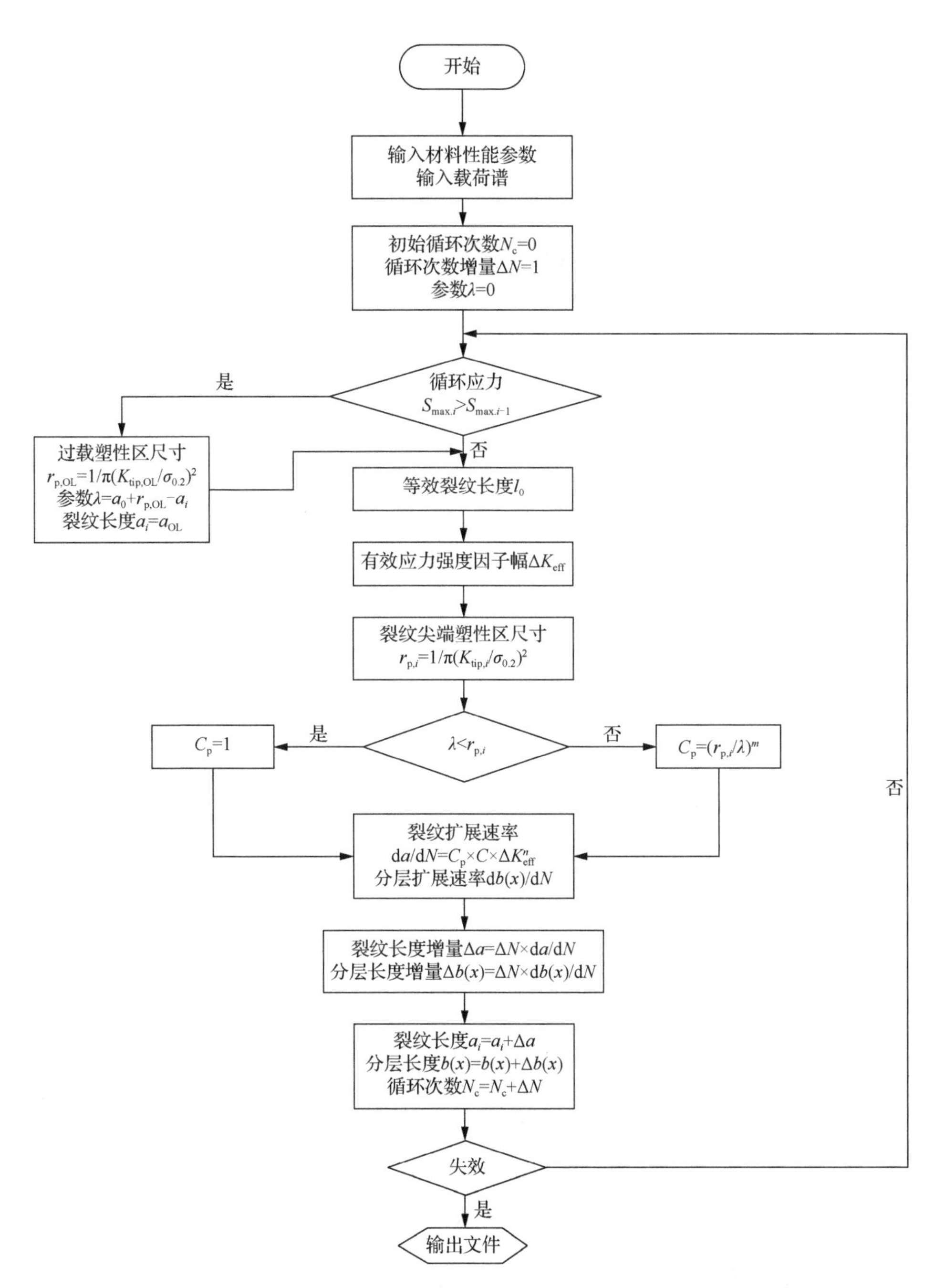

图 4.10　基于 Wheeler 模型拉伸过载下疲劳裂纹扩展行为预测流程图

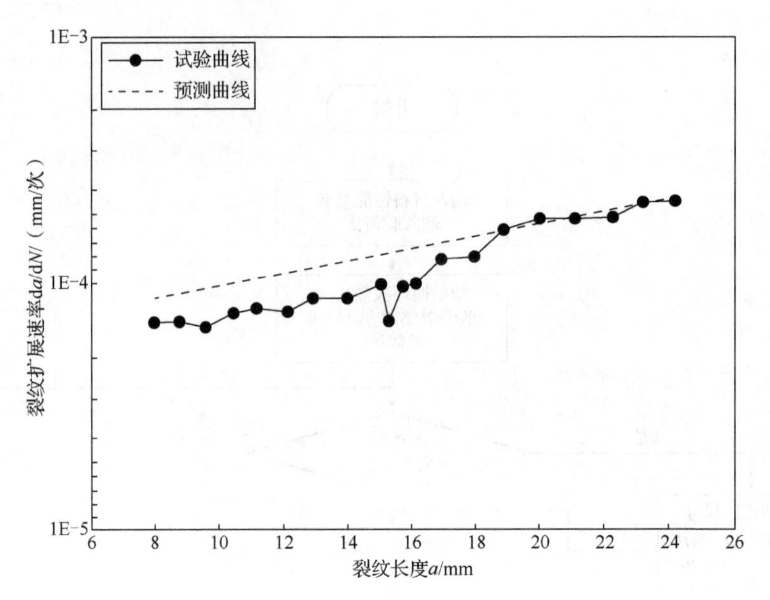

图 4.11 纤维增强铝锂合金层板在基准应力 70MPa 下单峰拉伸过载比 R_{ol}=1.4 时疲劳裂纹扩展预测

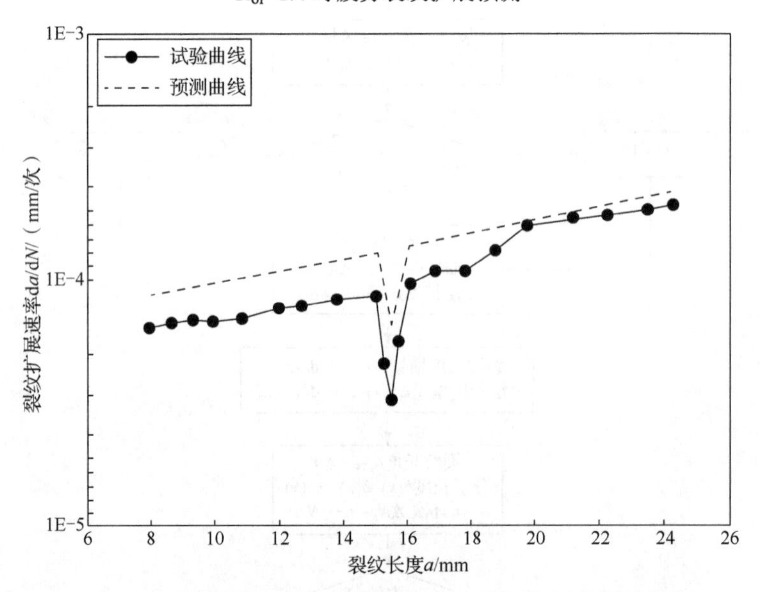

图 4.12 纤维增强铝锂合金层板在基准应力 70MPa 下单峰拉伸过载比 R_{ol}=1.8 时疲劳裂纹扩展预测

纤维增强铝锂合金层板在基准应力 S_{max}=110MPa 下单峰拉伸过载比 R_{ol}=1.4 及过载比 R_{ol}=1.8 时 a-da/dN 试验曲线与预测曲线如图 4.13 和图 4.14 所示。从图中可以看出，在较高基准应力下（S_{max}=110MPa）在单峰拉伸过载比 R_{ol}=1.4 及过载比 R_{ol}=1.8 时的 a-da/dN 试验曲线与预测曲线吻合较好。其中，对于两过载比

R_{ol}=1.4 及 R_{ol}=1.8 下的预测曲线，在受过载之前阶段，与试验曲线均存在相对较大差异；在疲劳裂纹过载迟滞周期内，与试验曲线过载趋势均吻合较好；在过载迟滞效应之后阶段，与试验曲线相对差异均较小。总体上讲，本章所提出的拉伸过载下疲劳裂纹扩展预测模型对于较高基准应力下不同过载比的裂纹扩展预测也具有相对较高的准确度。

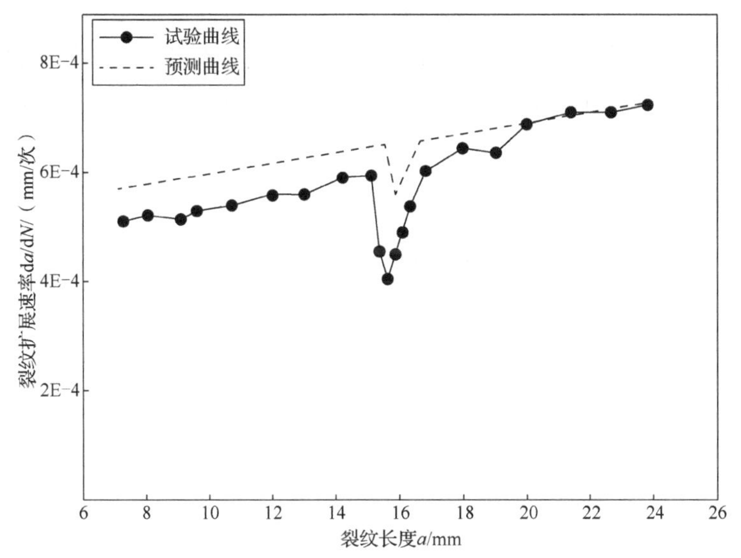

图 4.13　纤维增强铝锂合金层板在基准应力 110MPa 下单峰拉伸过载比 R_{ol}=1.4 时疲劳裂纹扩展预测

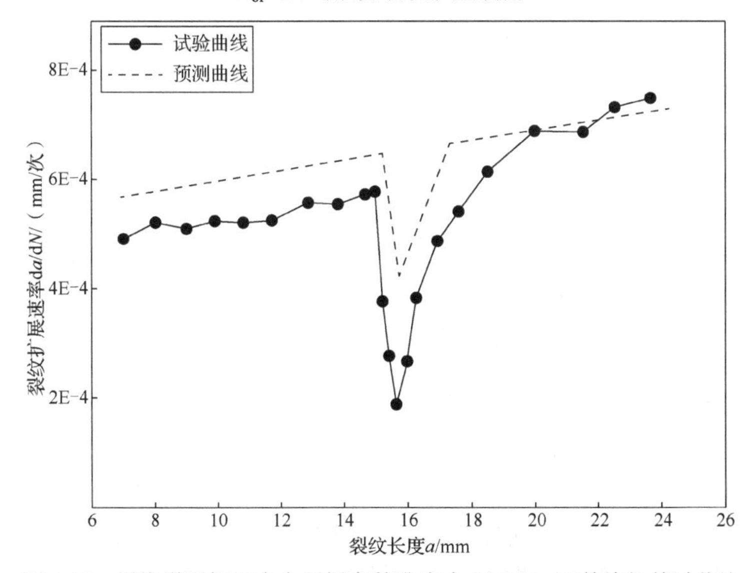

图 4.14　纤维增强铝锂合金层板在基准应力 110MPa 下单峰拉伸过载比 R_{ol}=1.8 时疲劳裂纹扩展预测

4.3.2 单峰压缩过载疲劳裂纹扩展预测研究

通过分析 4.2 节试验数据发现，纤维增强铝锂合金 2/1 层板在恒幅载荷下疲劳裂纹扩展速率随着裂纹长度的增加有微小幅度逐渐加快的倾向。基于层板裂纹扩展这一特征，本节采用上文改进的等效裂纹长度的裂纹扩展速率唯象模型进行表征。当裂纹扩展到一定长度受到较大过载比的压缩过载载荷作用时，裂纹发生了过载加速效应。基于裂纹加速扩展效应，这里采用唯象模型与增量塑性损伤理论相结合的方法进行表征。由于上文已对改进的等效裂纹长度的裂纹扩展速率唯象模型进行了详细介绍，故本节不再重复介绍。

1. 增量塑性损伤理论

针对单峰压缩过载下纤维增强铝锂合金层板疲劳裂纹扩展加速效应这一问题，本节将利用增量塑性损伤理论，定量分析单峰压缩过载下层板的压缩过载效应。为构建单峰压缩过载下纤维增强铝锂合金层板疲劳裂纹扩展预测模型，增量塑性损伤理论[169]的基本假设如下。

（1）疲劳裂纹扩展将以一种连续的方式进行。即在任意应力循环下，均存在疲劳裂纹扩展量 $\mathrm{d}a/\mathrm{d}\sigma$ 。其中， $\mathrm{d}a$ 为裂纹长度， $\mathrm{d}\sigma$ 为加载载荷增量。

（2）在一个应力循环周期中，疲劳裂纹的进一步扩展只发生于拉伸加载过程，其表达式为

$$\frac{\mathrm{d}a}{\mathrm{d}N}=\int_{0}^{\sigma_{\max}}\left(\frac{\mathrm{d}a}{\mathrm{d}\sigma}\right)\mathrm{d}\sigma \tag{4.20}$$

式中， $\mathrm{d}a/\mathrm{d}N$ 为层板每个应力循环周期疲劳裂纹扩展量； $\sigma_{\max}$ 为最大拉伸载荷。

（3）疲劳裂纹扩展量 $\mathrm{d}a/\mathrm{d}\sigma$ 可转化为疲劳裂纹增量 $\mathrm{d}a$ 与其塑性区尺寸增量 $\mathrm{d}\rho$ 之比，其表达式为

$$\frac{\mathrm{d}a}{\mathrm{d}\rho}=B\rho^{\alpha}\rho_{\mathrm{r}}^{\beta} \tag{4.21}$$

式中， ρ 为拉伸加载载荷下裂纹尖端正向塑性区的尺寸； $\mathrm{d}\rho$ 为拉伸加载载荷增量 $\mathrm{d}\sigma$ 下裂纹尖端正向塑性区尺寸增量； ρ_{r} 为前一个循环拉伸载荷卸载下产生的反向塑性区尺寸； α 为材料的热膨胀系数； β 为层板组分金属的疲劳裂纹扩展系数。

2. 纤维金属层板的金属层有效循环应力比

解决塑性区尺寸和加载状态间关系是增量塑性损伤理论的核心。然而，对于纤维金属层板，残余应力的存在使得在外载荷为 0 时层板组分金属仍处于拉伸状态。因此，基于增量塑性损伤理论，建立单峰压缩过载下纤维增强铝锂合金层板疲劳裂纹扩展预测模型，首先需确定层板组分金属层有效循环应力比（考虑残余应力情况），进而给出金属层所受实际载荷与其塑性区尺寸关系，最后根据塑性损

伤理论实现疲劳裂纹扩展行为的预测。

考虑层板金属层固化残余应力情况下，金属层的有效循环应力比 R_C，其表达式为式（4.12）及式（4.13）[24]。在等效裂纹长度唯象模型中，没有考虑 $R_C<0$ 的情况，即忽略了压缩载荷对层板裂纹扩展速率的影响。为引入压缩载荷对层板裂纹扩展速率影响，则 $R_C<0$，其进一步可表达为

$$R_C=\frac{\sigma_{max,com}-\sigma_o}{\sigma_{max}-\sigma_o} \tag{4.22}$$

式中，$\sigma_{max,com}$ 为层板的最大压缩载荷；σ_{max} 为层板的最大疲劳循环应力。

进一步考虑残余应力情况下，层板组分金属的有效远程最大压缩载荷 $\sigma_{max,com,Al}$ 表达式[109]为

$$\sigma_{max,com,Al}=\frac{E_{Al}}{E_{lam}}\sigma_{max,com}+\sigma_{r,Al} \tag{4.23}$$

式中，$\sigma_{r,Al}$ 为层板中铝合金层的残余应力。由该式可知，对于纤维增强铝锂合金层板在单峰压缩过载下，只有当 $\sigma_{max,com,Al}<-\left(E_{lam}/E_{Al}\right)\sigma_{r,Al}$ 时，层板组分金属层才真正处于受压缩状态。

3. 结合增量塑性理论压缩过载下疲劳裂纹扩展预测

对于纤维增强铝锂合金层板在压缩过载下的疲劳裂纹扩展行为，由于在一定基准应力水平及较大过载比下发生了过载加速效应，采用过载迟滞模型将不能再准确预测层板的疲劳裂纹扩展行为，故在上述改进等效裂纹长度唯象模型的基础上，结合增量塑性损伤理论，对压缩过载下层板疲劳裂纹扩展行为进行预测。

为分析层板疲劳裂纹扩展压载荷效应并引入压载荷效应因子，本节采用增量塑性损伤理论与等效裂纹长度唯象模型相结合的方法，过程如下。

在平面应力下小范围屈服时，根据 Irwin 模型[170]，对于金属材料，其裂纹尖端正向最大塑性区尺寸 ρ_{max} 为

$$\rho_{max}=\frac{1}{\pi}\frac{K_{max}^2}{\sigma_s^2} \tag{4.24}$$

式中，K_{max} 为最大载荷下应力强度因子；σ_s 为金属材料的屈服强度。金属材料裂纹尖端反正最大塑性区尺寸 ρ_r 为[171]

$$\rho_r=\frac{1}{4\pi}\left(1-\gamma\frac{\sigma_{max,com}}{\sigma_s}\right)\frac{K_{max}^2}{\sigma_s^2} \tag{4.25}$$

式中，γ 为材料常数，与 Bauschinger 效应有关，对于弹塑性材料，不考虑 Bauschinger 效应，γ 取值为 1.8。

对于单峰压缩过载下，层板裂纹扩展有两种情况：①在 $\sigma_{max}<\sigma_o$ 时，裂纹不扩展；②在 $\sigma_{max}>\sigma_o$ 时，裂纹扩展，其最大有效应力强度因子见式（4.8）。此时，

正向最大塑性区尺寸可通过将式（4.8）代入式（4.24）获得，其表达式为[109]

$$\rho_{\max}=\frac{al_0}{(a-a_{\mathrm{s}})+l_0/F_0^2}\left(\frac{\sigma_{\max}-\sigma_{\mathrm{o}}}{\sigma_{\mathrm{s}}}\right)^2 \tag{4.26}$$

此时，裂纹扩展又分为两种情况。

（1）当$\sigma_{\max}>\sigma_{\mathrm{o}}$，且$\sigma_{\max,\mathrm{com}}\geqslant\sigma_{\mathrm{o}}$。即$R<0$，$R_{\mathrm{C}}\geqslant 0$时，其最小有效应力强度因子大于0。根据等效裂纹长度理论，其层板的疲劳裂纹扩展速率模型仍适用，其表达式与唯象模型相同，可表示为

$$\frac{\mathrm{d}a}{\mathrm{d}N}=C_1\left(1-R_{\mathrm{C}}\right)^{m_1-1}\left[\frac{\sqrt{l_0}}{\sqrt{(a-a_{\mathrm{s}})+l_0/F_0^2}}\left(\sigma_{\max}-\sigma_{\max,\mathrm{com}}\right)\sqrt{\pi a}\right]^{n_1} \tag{4.27}$$

（2）当$\sigma_{\max}>\sigma_{\mathrm{o}}$，且$\sigma_{\max,\mathrm{com}}<\sigma_{\mathrm{o}}$。即$R_{\mathrm{C}}<0$时，其最小有效应力强度因子等于0。将式（4.8）和式（4.23）代入式（4.25），可有反向最大塑性区尺寸为

$$\rho_{\mathrm{r}}=\frac{1}{4}\left(1-\gamma\frac{\sigma_{\max,\mathrm{com,Al}}}{\sigma_{\mathrm{s}}}\right)\frac{K_{\max,\mathrm{eff}}^2}{\sigma_{\mathrm{s}}^2} \tag{4.28}$$

由式（4.20）有

$$\frac{\mathrm{d}a}{\mathrm{d}N}=\int_0^{\sigma_{\max}}\left(\frac{\mathrm{d}a}{\mathrm{d}\rho}\frac{\mathrm{d}\rho}{\mathrm{d}\sigma}\right)\mathrm{d}\sigma \tag{4.29}$$

进一步根据式（4.21）有

$$\frac{\mathrm{d}a}{\mathrm{d}N}=\int_0^{\rho_{\max}}B\rho_{\mathrm{r}}^{\beta}\rho^{\alpha}\mathrm{d}\rho \tag{4.30}$$

将式（4.28）代入式（4.30）可有

$$\frac{\mathrm{d}a}{\mathrm{d}N}=\int_0^{\rho_{\max}}B\left[\frac{1}{4}\left(1-\gamma\frac{\sigma_{\max,\mathrm{com,Al}}}{\sigma_{\mathrm{s}}}\right)\frac{K_{\max,\mathrm{eff}}^2}{\sigma_{\mathrm{s}}^2}\right]^{\beta}\rho^{\alpha}\mathrm{d}\rho \tag{4.31}$$

进一步有

$$\frac{\mathrm{d}a}{\mathrm{d}N}=B\left[\frac{1}{4}\left(1-\gamma\frac{\sigma_{\max,\mathrm{com,Al}}}{\sigma_{\mathrm{s}}}\right)\frac{K_{\max,\mathrm{eff}}^2}{\sigma_{\mathrm{s}}^2}\right]^{\beta}\frac{\rho_{\max}^{\alpha+1}}{\alpha+1} \tag{4.32}$$

将式（4.25）代入式（4.32）有

$$\frac{\mathrm{d}a}{\mathrm{d}N}=\left(\frac{1}{4}\right)^{\beta}\left(\frac{1}{\sqrt{\pi}\sigma_{\mathrm{s}}}\right)^{2(\alpha+\beta+1)}\frac{B}{\alpha+1}\left(1-\gamma\frac{\sigma_{\max,\mathrm{com,Al}}}{\sigma_{\mathrm{s}}}\right)^{\beta}K_{\max,\mathrm{eff}}^{2(\alpha+\beta+1)} \tag{4.33}$$

当$R_{\mathrm{C}}=0$时，即$\sigma_{\max,\mathrm{com,Al}}=0$，代入式（4.33）有

$$\frac{\mathrm{d}a}{\mathrm{d}N}=\left(\frac{1}{4}\right)^{\beta}\left(\frac{1}{\sqrt{\pi}\sigma_{\mathrm{s}}}\right)^{2(\alpha+\beta+1)}\frac{B}{\alpha+1}K_{\max,\mathrm{eff}}^{2(\alpha+\beta+1)} \tag{4.34}$$

此时，层板的疲劳裂纹扩展速率模型仍适用，将式（4.32）和式（4.14）进行对

比有

$$2(\alpha+\beta+1)=n_1 \tag{4.35}$$

$$\left(\frac{1}{4}\right)^{\beta}\left(\frac{1}{\sqrt{\pi}\sigma_s}\right)^{2(\alpha+\beta+1)}\frac{B}{\alpha+1}=C_1 \tag{4.36}$$

因此，结合增量塑性理论，纤维增强铝锂合金层板在单峰压缩过载疲劳裂纹扩展预测表达式为

$$\frac{\mathrm{d}a}{\mathrm{d}N}=\lambda_{\mathrm{com}}C_1\left[\frac{\sqrt{l_0}}{\sqrt{(a-a_s)+l_0/F_0^2}}(\sigma_{\max}-\sigma_o)\sqrt{\pi a}\right]^{n_1} \tag{4.37}$$

式中，λ_{com} 为单峰压缩过载下纤维增强铝锂合金层板的疲劳裂纹扩展中压缩载荷效应因子。

4. 压缩过载下疲劳裂纹扩展预测模型验证

纤维增强铝锂合金层板在基准应力 $S_{\max}$=70MPa 下单峰压缩过载比 R_{ol}=−0.6 及过载比 R_{ol}=−1.8 时 a-da/dN 试验曲线与预测曲线如图 4.15 和图 4.16 所示。

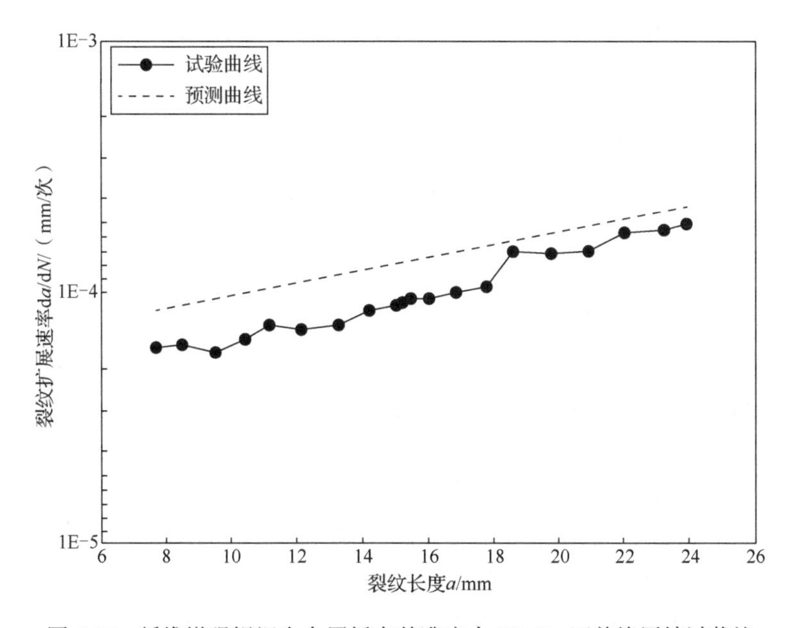

图 4.15　纤维增强铝锂合金层板在基准应力 70MPa 下单峰压缩过载比 R_{ol}=−0.6 时疲劳裂纹扩展预测

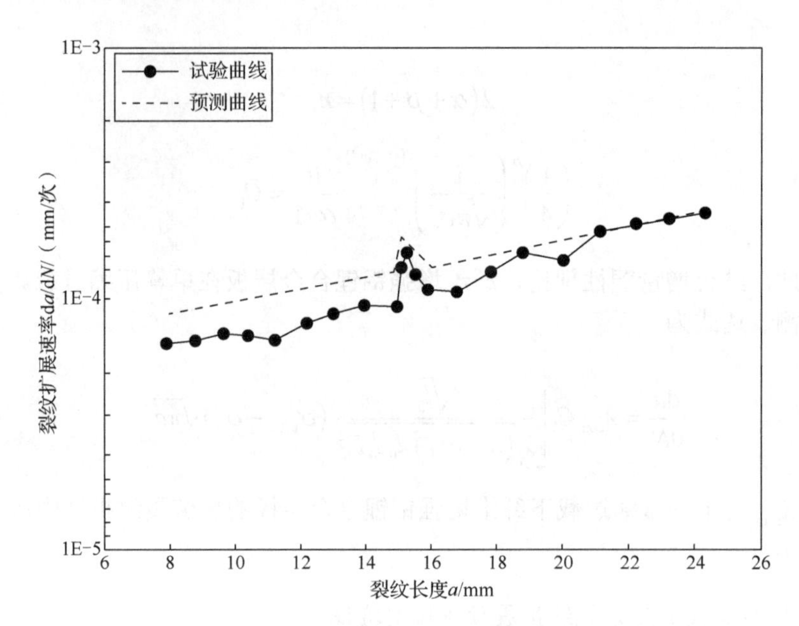

图 4.16 纤维增强铝锂合金层板在基准应力 70MPa 下单峰压缩过载比 R_{ol}=−1.8 时疲劳裂纹扩展预测

从图中可以看出，在较低基准应力（S_{max}=70MPa）下在单峰压缩过载比 R_{ol}=−0.6 及过载比 R_{ol}=−1.8 时的 a-da/dN 试验曲线与预测曲线吻合较好。对于过载比 R_{ol}=−0.6 时的 a-da/dN 曲线，未发生过载加速效应，其预测曲线与试验曲线的趋势较吻合，且随着裂纹长度的扩展，其预测精度逐渐提高。对于过载比 R_{ol}=−1.8 时 a-da/dN 曲线，发生了过载加速效应；在受过载之前阶段，与试验曲线存在相对较大差异；在疲劳裂纹过载加速周期内，与试验曲线过载趋势均吻合较好；在过载加速效应之后阶段，与试验曲线相对差异均较小。总体上讲，本章所提出的压缩过载下疲劳裂纹扩展预测模型对于较低基准应力下不同过载比的裂纹扩展预测具有相对较高的准确度。

纤维增强铝锂合金层板在基准应力 S_{max}=110MPa 下单峰压缩过载比 R_{ol}=−0.6 及过载比 R_{ol}=−1.8 时 a-da/dN 试验曲线与预测曲线如图 4.17 和图 4.18 所示。从图中可以看出，在较高基准应力下（S_{max}=110MPa）在单峰压缩过载比 R_{ol}=−0.6 及过载比 R_{ol}=−1.8 时的 a-da/dN 试验曲线与预测曲线吻合较好。对于过载比 R_{ol}=−0.6 时的 a-da/dN 曲线，未发生过载加速效应，其预测曲线与试验曲线趋势较吻合，且随着裂纹长度的扩展，其预测精度逐渐提高。对于过载比 R_{ol}=−1.8 时 a-da/dN 曲线，发生了过载加速效应；在受过载之前阶段，与试验曲线存在相对较大差异；在疲劳裂纹过载加速周期内，与试验曲线过载趋势均吻合较好；在过载加速效应之后阶段，与试验曲线相对差异均较小。总体上讲，本章所提出的压缩过载下疲劳裂纹扩展预测模型对于较高基准应力下不同过载比的裂纹扩展预测也具有相对较高的准确度。

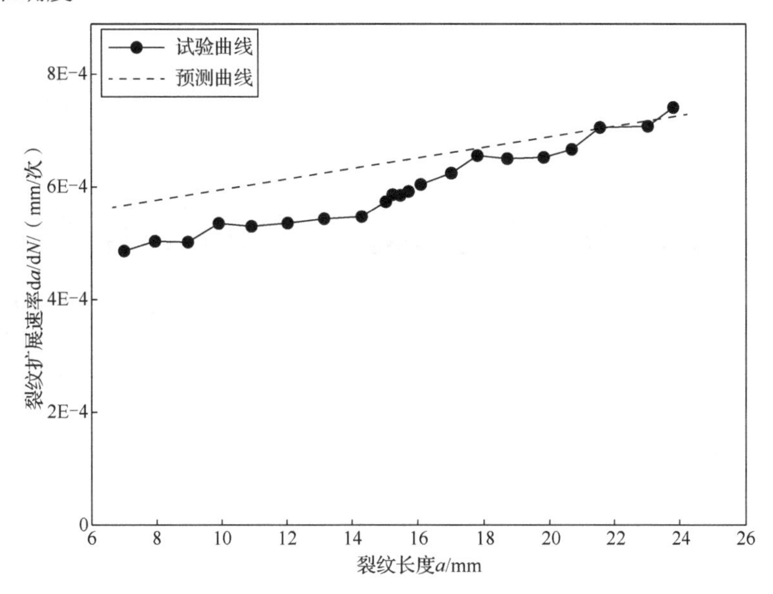

图 4.17　纤维增强铝锂合金层板在基准应力 110MPa 下单峰压缩过载比 R_{ol}=−0.6 时疲劳裂纹扩展预测

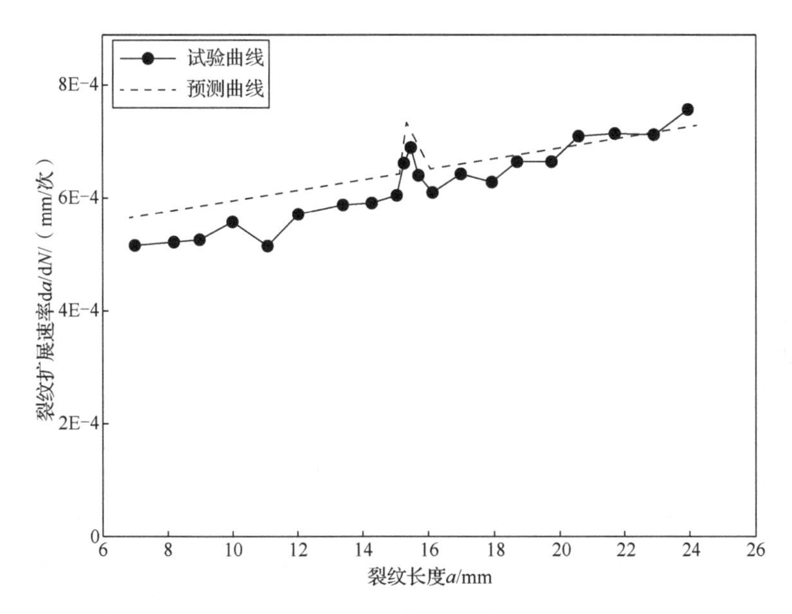

图 4.18　纤维增强铝锂合金层板在基准应力 110MPa 下单峰压缩过载比 R_{ol}=−1.8 时疲劳裂纹扩展预测

第5章 新型纤维金属层板周期单峰过载疲劳总寿命研究

5.1 概述

纤维金属层板的疲劳性能自研发以来一直受到材料研究者的广泛关注。目前为止，纤维金属层板的疲劳性能相关研究工作主要集中于恒幅载荷下的疲劳裂纹扩展行为，变幅载荷疲劳裂纹扩展及疲劳裂纹萌生寿命的研究较少，而对于层板的疲劳总寿命的研究工作更不多见。对于大多数航空航天设备来说，恒幅加载的情况过于理想。因此，在纤维金属层板的疲劳性能研究中往往应考虑变幅载荷情况。作为航空材料，其变幅载荷下裂纹扩展性能同样受研究人员关注。此外，针对纤维金属层板中 ARALL 和 GLARE 的疲劳性能有较多的研究，而对于其他较新的纤维金属层板材料性能的研究相对较少。综上可知，玻璃纤维增强铝锂合金层板作为较新的纤维增强铝锂合金层板，其疲劳总寿命的研究工作更加少见，而变幅载荷下疲劳性能相关报道微乎其微。

本章分析玻璃纤维增强铝锂合金层板在周期过载下疲劳性能特点及预测其疲劳总寿命，对纤维增强铝锂合金层板（2/1 结构及 3/2 结构）及其组分金属板分别进行周期过载下 *S-N* 曲线试验。通过对每种材料试样施加不同循环特征的循环应力（应力比为 R=0.06 的循环应力，过载比为 1.4 的周期单峰拉伸过载，过载比为 −0.6 的周期单峰压缩过载），共获得了 9 种应力-总寿命试验数据。

在对试验数据进行处理和统计分析的基础上，总结了不同加载方式的各应力水平下的疲劳总寿命数据的分布规律，并使用样本信息聚集原理，拟合出了各材料在不同加载方式下的 *P-S-N* 曲线。通过比较相同周期单峰过载方式下不同材料的 *S-N* 曲线的差异，研究了三种材料在相同周期单峰过载下疲劳总寿命的关系；通过比较相同材料不同加载方式下 *S-N* 曲线的差异，研究了不同周期单峰过载对于不同材料恒幅疲劳性能的影响。

基于层板材料变幅载荷下疲劳寿命预测的两种思路，分别实现纤维增强铝锂合金 2/1 层板及 3/2 层板周期单峰过载下疲劳总寿命预测。①加载方式相同情况下，根据层板组分材料的疲劳总寿命数据预测层板材料的疲劳总寿命。通过比较相同周期单峰过载方式下不同材料的 *S-N* 曲线的差异，研究了各材料在相同周期单峰过载下疲劳总寿命的关系。根据复合材料经典层板理论建立合金与层合材料之间的应力关系，结合 *S-N* 曲线方程建立合金与层合材料之间的疲劳总寿命关系，基于周期单峰过载下合金与层板之间的疲劳总寿命关系特点，建立了预测层板疲劳总寿命的模型。②材料相同情况下，根据恒幅疲劳总寿命数据预测变幅疲劳总寿命。通过比较相同材料不同周期单峰过载方式下的 *S-N* 曲线的差异，研究了过载因素对于层板材料疲劳总寿命性能影响机理。根据总结的周期单峰拉伸过载对于不同材料恒幅疲劳总寿命影响，通过对 Miner 累积损伤准则进行修正，实现了层板周期单峰拉伸过载下疲劳总寿命预测。最后，通过将预测结果与试验数据进行比较来验证两种模型的准确性。

5.2　试验数据处理及材料疲劳性能分析

5.2.1　试验数据处理分析

铝锂合金板、纤维增强铝锂合金 2/1 层板及 3/2 层板这三种材料在不同加载方式下的疲劳总寿命数据主要集中在 5×10^4～5×10^5 次循环，共包括 9 条 *S-N* 曲线。为了避免异常值对于 *S-N* 曲线拟合的影响，使得拟合出的 *S-N* 曲线更能反映材料真实的疲劳性能，下面对材料的原始疲劳总寿命数据进行筛选。首先，通过观察方法，根据试样的失效形式，对非正常失效的试样数据进行排除。然后，根据 Dixon 的 Q-准则[144]来进一步排除原始测试数据中的异常数据。通过数据筛选，其有效数据数量情况见表 5.1。

表 5.1　三种材料在不同加载方式下的有效数据数量

加载方式	铝锂合金板	2/1 层板	3/2 层板
恒幅 R=0.06	11	15	14
周期单峰拉伸过载	11	11	12
周期单峰压缩过载	11	11	11

根据《金属材料轴向加载疲劳试验方法》（HB 5287—1996）[143]标准，对有效数据进行统计处理和分析。其中，50%存活率疲劳总寿命 N_{50} 的表达式和对数疲劳总寿命标准差 Q 的表达式分别见式（5.1）和式（5.2），每种材料在不同加载方式的各应力水平下对应的这两个参数见表 5.2。

$$\lg N_{50} = \frac{1}{n}\sum_{i=1}^{n}\lg N_i \tag{5.1}$$

$$Q=\sqrt{\frac{n\sum_{i=1}^{n}\left(\lg N_i\right)^2-\left(\sum_{i=1}^{n}\lg N_i\right)^2}{n(n-1)}} \tag{5.2}$$

式中，N_i 为相同加载方式的相同应力水平下每个试样的疲劳总寿命；n 为相同加载方式的相同应力水平下测试试样的个数。

表 5.2 每种材料不同加载方式下的应力水平和相应疲劳总寿命分布

材料	加载方式	应力水平σ_p/MPa	N_{50}/次	标准差
铝锂合金板	恒幅 R=0.06	200	49193	0.0758
		140	200637	0.0859
		100	4673045	0.1949
2/1 层板	恒幅 R=0.06	200	34135	0.1615
		120	141059	0.1990
		100	269526	0.0991
3/2 层板	恒幅 R=0.06	160	62201	0.0449
		140	109522	0.0679
		110	297427	0.0300
铝锂合金板	周期单峰拉伸过载	220	50594	0.0728
		160	106316	0.1149
		140	269846	0.2187
2/1 层板	周期单峰拉伸过载	200	43803	0.0442
		140	116225	0.0573
		90	555137	0.1363
3/2 层板	周期单峰拉伸过载	180	51773	0.0442
		160	101859	0.0745
		120	397649	0.1861
铝锂合金板	周期单峰压缩过载	200	35975	0.0614
		140	135052	0.0926
		120	378007	0.2489
2/1 层板	周期单峰压缩过载	160	54238	0.0275
		120	126999	0.0285
		90	349865	0.0809
3/2 层板	周期单峰压缩过载	170	52711	0.0041
		140	105657	0.0459
		100	473588	0.1315

对整理的数据进行线性拟合，共获得 9 条中值 *S-N* 曲线。航空航天领域对材料的性能要求很高，经常用到材料的 *P-S-N* 曲线。由于试验数据较少，本书应用样本信息聚集原理及方法[172]，拟合出置信度 0.95、可靠度分别为 0.90 和 0.99 的 *P-S-N* 曲线，如图 5.1 所示。

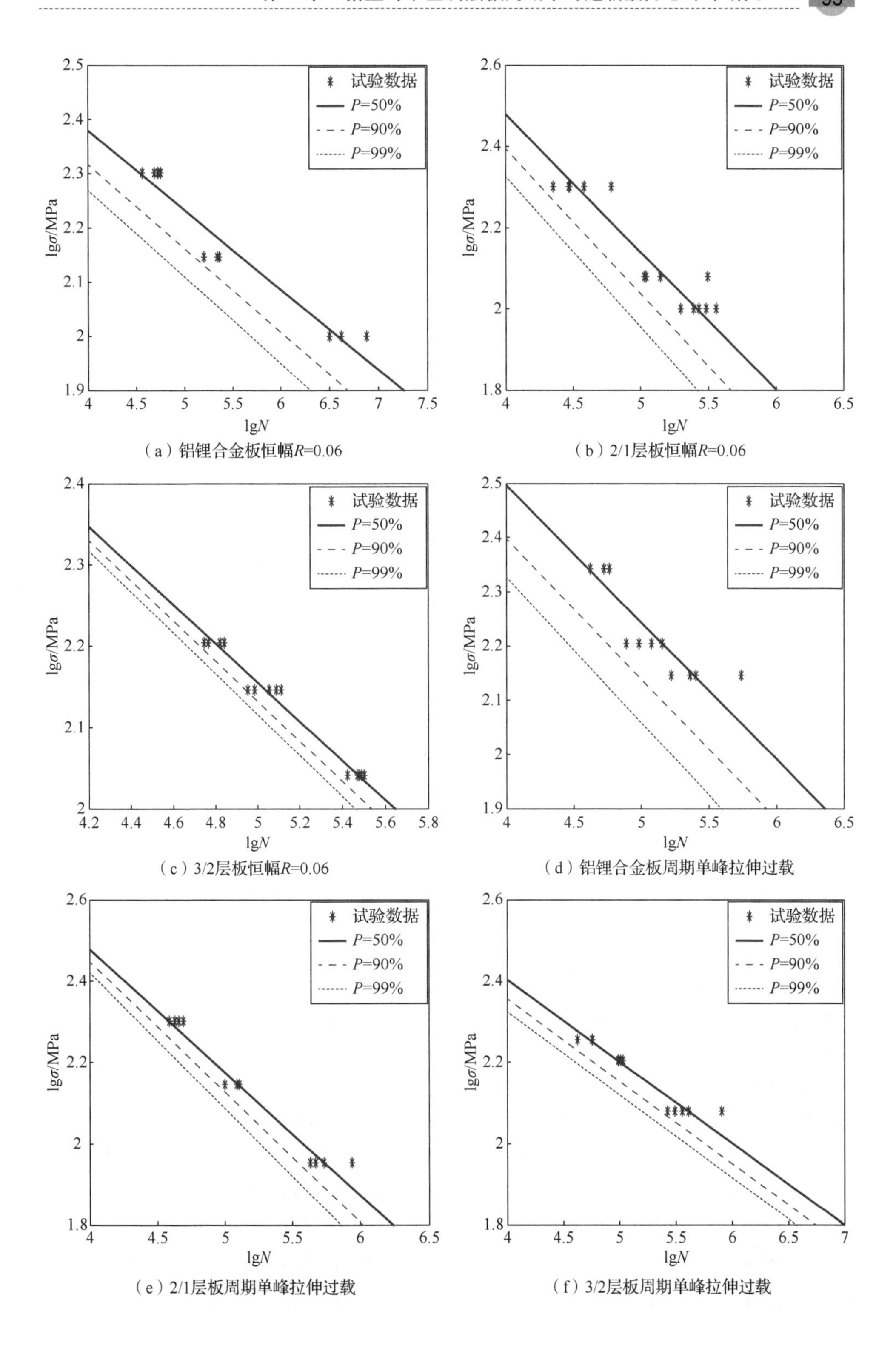

（a）铝锂合金板恒幅R=0.06

（b）2/1层板恒幅R=0.06

（c）3/2层板恒幅R=0.06

（d）铝锂合金板周期单峰拉伸过载

（e）2/1层板周期单峰拉伸过载

（f）3/2层板周期单峰拉伸过载

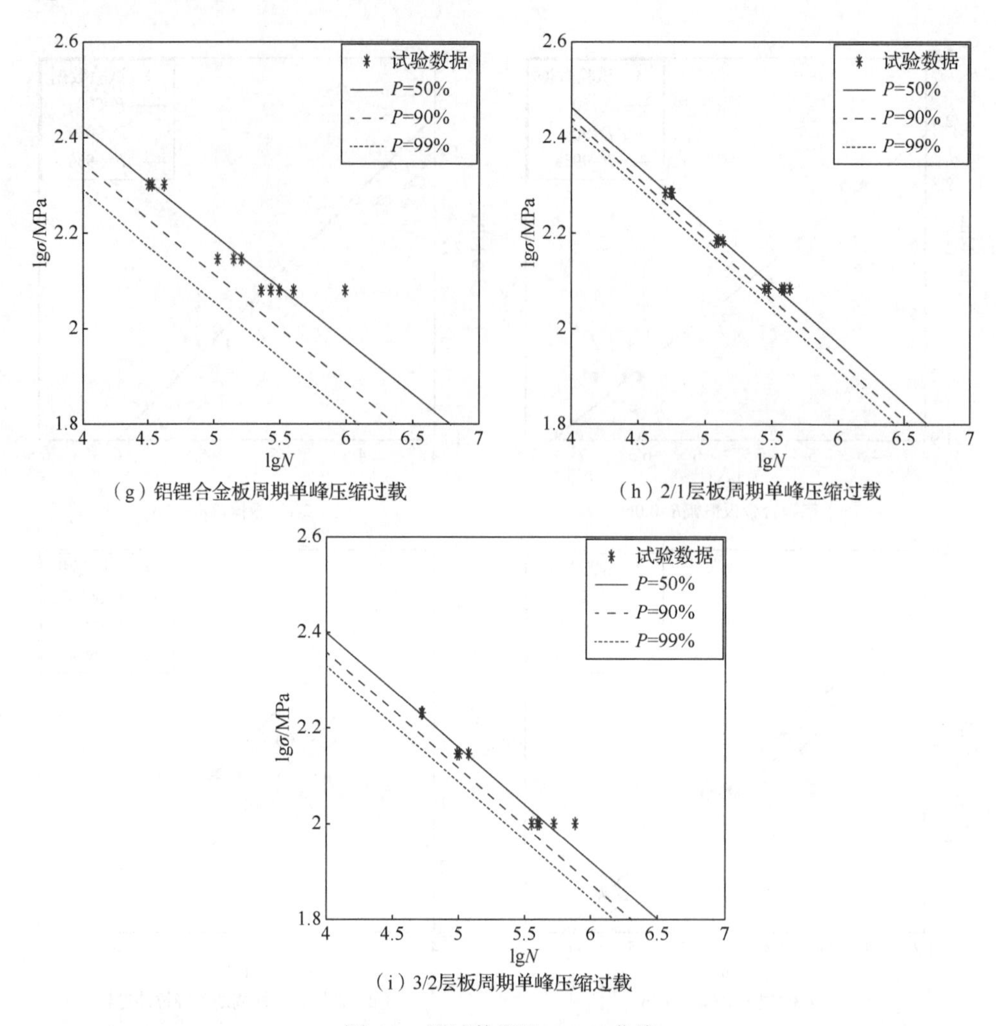

图 5.1　测试数据及 *P-S-N* 曲线

通过对试验数据进行处理与分析，可以得到以下结论。①三种材料的疲劳总寿命数据在不同加载方式下的分散度较小（对数疲劳总寿命标准差的最小值和最大值分别为 0.0041 和 0.2489，主要范围在 0.03 和 0.14 之间）。②在周期单峰过载和欠载情况下，三种材料随着应力的降低疲劳总寿命分散性呈增大趋势。即随着应力的降低，在周期单峰拉伸过载情况下，2/1 层板相应的对数疲劳总寿命标准差为 0.0442、0.0573、0.1363，3/2 层板相应的标准差为 0.0442、0.0745、0.1861，合金板相应的标准差为 0.0728、0.1149、0.2187；在周期单峰压缩过载情况下，2/1 层板相应的对数疲劳总寿命标准差为 0.0275、0.0285、0.0809，3/2 层板相应的标准差为 0.0041、0.0459、0.1315，合金板相应的标准差为 0.0614、0.0926、0.2489。此外，恒幅 R=0.06 下，三种材料的疲劳总寿命分散性未见相同规律。③对于相同材料加载方式不同的情况下，三种材料的疲劳总寿命数据分散性无明显规律。

在对有效试验数据进行中值 *S-N* 曲线拟合过程中，可以发现在双对数坐标系下，每个 *S-N* 曲线对应的应力与疲劳总寿命试验数据呈线性关系，且其线性回归结果具有高的相关系数（超过 0.98）。根据试验情况，取 5×10^4、1×10^5 及 5×10^5 寿命水平作为本章对比研究标准。

5.2.2　材料疲劳性能分析

材料的疲劳总寿命是裂纹萌生寿命和裂纹扩展寿命的总和。金属材料的裂纹萌生和裂纹扩展寿命取决于所施加的应力；纤维金属层板的裂纹萌生寿命主要取决于层板中金属层的应力，层板的裂纹扩展寿命主要取决于金属层的应力和桥接应力。纤维金属层板的特殊结构导致在疲劳过程中产生桥接效应，降低了裂纹尖端的有效应力强度因子，增加了层板的裂纹扩展寿命。纤维金属层板金属层裂纹尖端的有效应力强度因子是金属层应力引起的应力强度因子与桥应力引起的应力强度因子之差。同时，对于层板的不同结构，层数越多，桥接效应越明显[173]。下面从不同的角度对材料性能进行分析。

1. 相同周期单峰过载下三种材料的疲劳性能分析

为进一步讨论三种不同结构材料的疲劳性能特点，本节比较了相同周期单峰过载下不同材料的 *S-N* 曲线之间的差异，如图 5.2 所示。

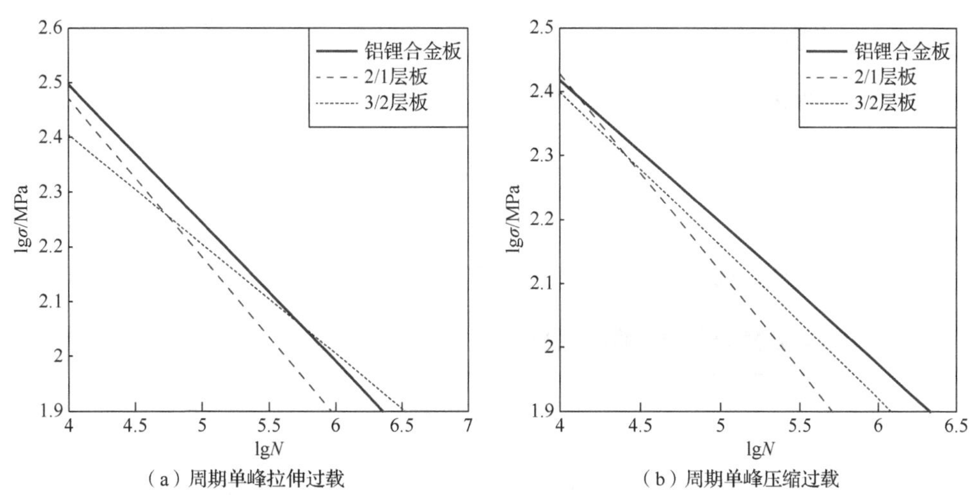

（a）周期单峰拉伸过载　　（b）周期单峰压缩过载

图 5.2　不同材料 *S-N* 曲线对比

1）不同材料间的疲劳总寿命关系分析

从图 5.2 中可以看出，在疲劳试验的主要寿命范围内（$5\times10^4\sim5\times10^5$ 循环寿命），对于相同远程应力的情况，铝锂合金板的疲劳总寿命高于 2/1 层板和 3/2 层板的疲劳总寿命，3/2 层板的疲劳总寿命高于 2/1 层板的疲劳总寿命。

铝锂合金板疲劳总寿命高于 2/1 层板和 3/2 层板疲劳总寿命的原因如下所述。

对于纤维金属层板，不同的组分材料具有不同的弹性模量，且弹性模量越大受到的应力越大。该层板具有比金属材料更低的弹性模量。因此，当层板与合金板受到相同的远程应力时，层板金属层的应力大于合金板的应力。这将导致金属层相比合金板有一个更快的损伤，从而使得合金板的裂纹萌生寿命大于层板的裂纹萌生寿命，如图 5.3 所示。当层板与合金板受到相同的远程应力时，桥接应力的存在将导致层板金属层的裂纹尖端有效应力强度因子小于合金板裂纹尖端有效应力强度因子，进一步使得层板的裂纹扩展速率得以降低（相比合金板裂纹扩展速率）。也就是说，在相同远程应力下，层板的裂纹扩展寿命大于合金板的裂纹扩展寿命，如图 5.3 所示。这种趋势将随着应力的减小而变得更明显。尽管合金板的裂纹扩展寿命低于层板的裂纹扩展寿命，但在试验应力下，合金板和层板的裂纹萌生寿命之差高于合金板和层板的裂纹扩展寿命之差。因此，如图 5.3（a）所示，铝锂合金板的疲劳总寿命高于 2/1 层板和 3/2 层板的疲劳总寿命。

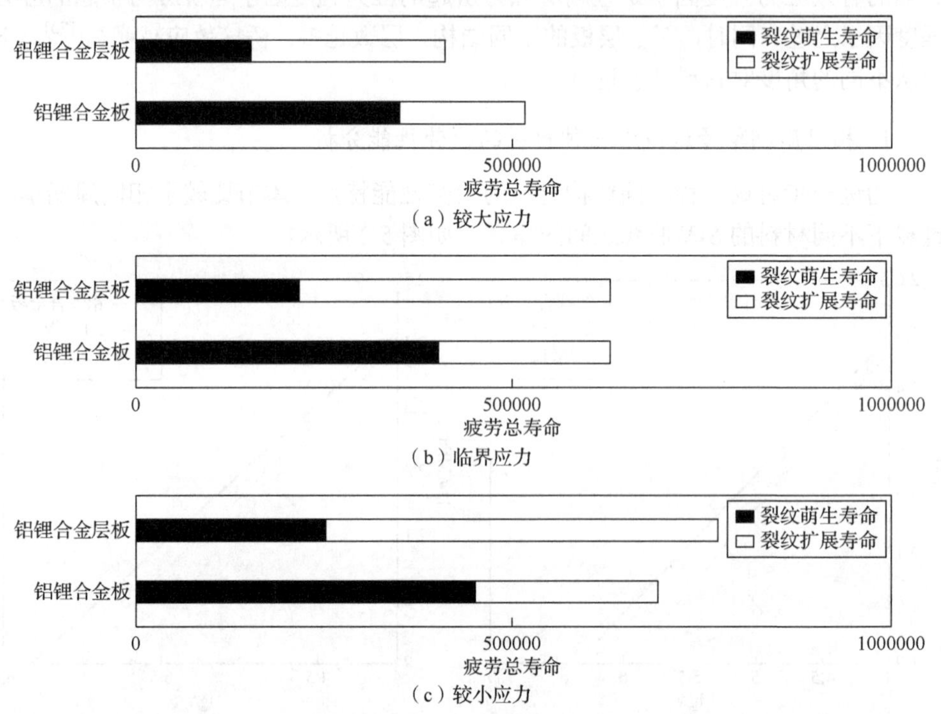

（a）较大应力

（b）临界应力

（c）较小应力

图 5.3　合金板和层板疲劳总寿命随应力降低的变化趋势

根据上述现象，在施加相同远程应力情况下，3/2 层板的疲劳总寿命高于 2/1 层板的疲劳总寿命原因如下所述。对于纤维金属层板，当组分材料相同时，不同的金属体积分数会导致不同结构层板的金属层受到不同的应力。当 2/1 层板和 3/2 层板所受远程应力相同时，通过简单的分析和计算，可知 3/2 层板的金属层应力大于 2/1 层板的金属层应力，因此 3/2 层板的裂纹萌生寿命小于 2/1 层板的裂纹萌生寿命，如图 5.4 所示。当 2/1 层板和 3/2 层板所受远程应力相同时，桥接应力将导致3/2层板中金属层裂纹尖端的有效应力强度因子小于2/1层板裂纹尖端有效应力强度因子，并且与2/1层板相比，3/2层板的裂纹扩展速率将进一步降低。也就是说，在相同远程应力下，3/2层板的裂纹扩展寿命高于2/1层板的裂纹扩展寿命，如图5.4所示。随着应力的降低，层板的层数越多，这种趋势将越明显。尽管2/1层板的裂纹萌生寿命高于3/2层板的裂纹萌生寿命，但在试验应力下，2/1层板和3/2层板的裂纹萌生寿命之差低于2/1层板和3/2层板的裂纹扩展寿命之差。因此，如图5.4（c）所示，3/2层板的疲劳总寿命高于2/1层板的疲劳总寿命。

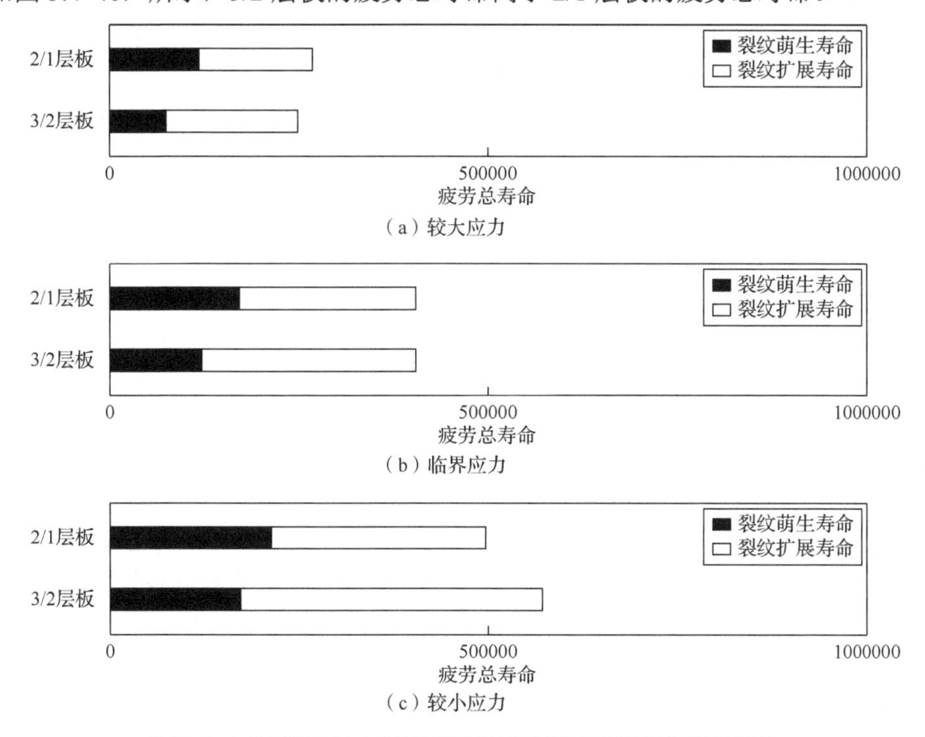

（a）较大应力

（b）临界应力

（c）较小应力

图 5.4　2/1 层板和 3/2 层板疲劳总寿命随应力降低的变化趋势

2）不同材料 *S-N* 曲线关系特征分析

图 5.2（a）描述了不同材料在周期单峰拉伸过载下的 *S-N* 曲线对比情况。从图中可以看出，在测试寿命范围内，铝锂合金板的疲劳总寿命高于2/1层板和3/2层板的疲劳总寿命，3/2层板的疲劳总寿命高于2/1层板的疲劳总寿命。同时可以发现，2/1层板的 *S-N* 曲线斜率与铝锂合金板曲线斜率相近，且3/2层板的 *S-N* 曲线斜率相比于铝锂合金板曲线斜率较缓。3/2层板的 *S-N* 曲线与铝锂合金板曲线相交于一点，在交点左侧区，铝锂合金板的疲劳总寿命高于3/2层板的疲劳总寿命，在交点右侧区，铝锂合金板的疲劳总寿命低于3/2层板的疲劳总奉命；3/2层板的 *S-N* 曲线也与2/1层板曲线相交于一点，在交点左侧区，2/1层板的疲劳总寿命高于3/2层板的疲劳总寿命；在交点右侧区，2/1层板的疲劳总奉命低于3/2层板的疲劳总寿命。

下面分别解释了图 5.2（a）中合金板和层板之间 *S-N* 曲线的关系以及交点出现的原因。对于不同结构的层板，层数越多，桥接效应越明显。在周期单峰拉伸过载下，2/1 层板的桥接效应对于疲劳总寿命的影响并不明显，其曲线特征主要取决于金属层的应力，因此 2/1 层板的 *S-N* 曲线斜率与铝锂合金板曲线斜率相近；随着远程应力的降低，3/2 层板的桥接效应对于疲劳总寿命的影响更为明显，其曲线特征主要取决于金属层应力和桥接效应，因此 3/2 层板的 *S-N* 曲线斜率相比于铝锂合金板曲线斜率较缓。3/2 层板的 *S-N* 曲线与铝锂合金板曲线相交于一点。这是因为，在测试应力下，合金板的疲劳总寿命比 3/2 层板的疲劳总寿命更长，随着应力的降低，由于桥接效应 3/2 层板的疲劳总寿命比合金板疲劳总寿命增加更快。根据连续性原则，两条直线必然相交于一点。3/2 层板的 *S-N* 曲线也与 2/1 层板的 *S-N* 曲线相交于一点。这是因为，在测试应力下，3/2 层板的疲劳总寿命比 2/1 层板的疲劳总寿命更长，随着应力的增加，3/2 层板的金属层应力增加比 2/1 层板更快，同时 3/2 层板的桥接效应变得不明显，这将导致 3/2 层板的疲劳总寿命比 2/1 层板疲劳总寿命下降更快。根据连续性原则，两条直线必然相交。

图 5.2（b）描述了不同材料在周期单峰压缩过载下的 *S-N* 曲线对比情况。从图中可以看出，在测试寿命范围内，铝锂合金板的疲劳总寿命高于 2/1 层板和 3/2 层板的疲劳总寿命，3/2 层板的疲劳总寿命高于 2/1 层板的疲劳总寿命。同时可以发现，3/2 层板的 *S-N* 曲线斜率与铝锂合金板曲线斜率相近，且 2/1 层板的 *S-N* 曲线斜率相比于铝锂合金板曲线斜率较陡。

根据上述分析，在周期单峰拉伸过载下，2/1 层板的 *S-N* 曲线特征主要取决于金属层应力，3/2 层板的 *S-N* 曲线特征主要取决于金属层应力和桥接效应。通过对试验结果的观察，发现在周期单峰压缩过载下可能存在一种特殊的损伤效应。由于 2/1 层板的桥接效应对疲劳总寿命影响不明显，随着应力的降低，这种损伤效应使得 2/1 层板比合金板疲劳总寿命增加得更慢；由于 3/2 层板的桥接效应对疲劳总寿命影响比较明显，这种损伤效应抵消了桥接效应的影响使得 3/2 层板与合金板的疲劳总寿命增加速率相近。因此，3/2 层板的 *S-N* 曲线斜率与铝锂合金板曲线斜率相近，且 2/1 层板的 *S-N* 曲线斜率相比于铝锂合金板曲线斜率较陡。目前，对于周期单峰压缩过载下的这种损伤效应还需进一步研究。

3）层板与合金材料的疲劳总寿命关系特征

根据上述试验现象，发现在相同加载方式下，层板的 *S-N* 曲线与合金板的 *S-N* 曲线有一定的关系。下面进一步分析层板和合金材料在不同远程应力水平下疲劳总寿命的关系特征。

在图 5.3 中，针对合金板和层板分别施加相同的远程应力，且对于每次疲劳测试中施加的应力值从大到小逐渐降低。由于金属层的应力大于层板施加的应力，使得该合金材料的裂纹萌生寿命高于层板的裂纹萌生寿命，如图 5.3 所示。由于桥接应力，层板中金属层裂纹尖端的有效应力强度因子小于合金材料裂纹尖端的应力强度因子，这将导致层板的裂纹扩展寿命高于合金材料的裂纹扩展寿命。当所施加的应力较大时，合金板与层板的裂纹萌生寿命之差高于合金板与层板的裂纹扩展寿命之差。因此，铝锂合金板的疲劳总寿命高于 2/1 层板和 3/2 层板的疲劳总寿命，如图 5.3（a）所示。由于桥接作用，随着远程施加应力的降低，金属层裂纹尖端的有效应力强度因子比合金材料应力强度因子下降更快。当施加的应力减小到一定值时，合金板与层板的裂纹萌生寿命之差与两者裂纹扩展寿命之差相同。即合金板的疲劳总寿命与层板的疲劳总寿命相同，如图 5.3（b）所示。此时，施加的应力被定义为合金板和层板疲劳总寿命相等的临界应力。当施加的应力大于临界应力时，合金材料的疲劳总寿命高于层板的疲劳总寿命，如图 5.3（a）所示；当施加的应力小于临界应力时，合金材料的疲劳寿命低于层板的疲劳总寿命，如图 5.3（c）所示。因此，当施加的相同应力连续增加或减小时，层板和合金材料之间必定存在使得两者疲劳总寿命相等的临界应力。根据本书的试验，已经证明了该临界应力的存在，但目前尚无法推导出临界应力的具体数值。

综上所述，当施加应力大于该临界应力时，铝锂合金板的疲劳总寿命高于层板材料的疲劳总寿命；在周期单峰拉伸过载下，2/1 层板的 *S-N* 曲线斜率与铝锂合金板斜率相似，且 3/2 层板的曲线斜率比铝锂合金板斜率较小；在周期单峰压缩过载下，3/2 层板的 *S-N* 曲线斜率与铝锂合金板的 *S-N* 曲线斜率相似，且 2/1 层板的曲线斜率比铝锂合金板斜率更陡。即在周期单峰拉伸过载下，2/1 层板的 *S-N* 曲线特征主要取决于金属层应力；3/2 层板的 *S-N* 曲线特征主要取决于金属层应力和桥接效应。在周期单峰压缩过载下，2/1 层板的 *S-N* 曲线特征主要取决于金属层应力和压缩过载损伤；3/2 层板的 *S-N* 曲线特征主要取决于金属层应力、桥接效应和压缩过载损伤。通过对现象的分析可知，在周期单峰过载下层板的 *S-N* 曲线特征都受到金属层的应力和桥接效应情况的影响，且层数越多和施加应力越低，其桥接效应越明显。

2. *不同周期单峰过载下三种材料的疲劳性能分析*

为进一步讨论周期单峰过载对于三种材料的疲劳性能的影响，比较了相同材料不同加载方式下的 *S-N* 曲线之间差异，如图 5.5 所示。对于层板来说，过载效应主要产生于其中的金属层。

1）周期单峰拉伸过载对每种材料疲劳性能的影响

从图 5.5（a）中可以看出，铝锂合金板周期单峰拉伸过载下 5×10^4 寿命水平对应的应力相比于恒幅 R=0.06 所对应的应力高约 20MPa。这是由于铝锂合金板过载时产生了拉伸过载效应，延长了材料的疲劳总寿命。即试样过载时受到名义应力 308MPa、224MPa、196MPa 作用时，按照应力集中系数 K_t=2.6，计算得到的局部最大应力分别为 800.8MPa、582.4MPa、509.6MPa，均大于铝锂合金板的强度极限 483MPa，但实际中试样并未断裂，也就是说过载后实际局部应力达到铝锂合金板屈服极限 441MPa，产生了塑性区域。载荷过大产生塑性变形区后，邻近区由于应力较小仅出现弹性变形区，由于变形的不一致，卸载后弹性区将会对塑性区产生残余压应力。残余压应力的作用会带来损伤延迟效应，从而延长了疲劳总寿命。在 1×10^5 寿命水平下，周期单峰拉伸过载与恒幅 R=0.06 所对应的应力相近；在 5×10^5 寿命水平下，周期单峰拉伸过载下对应的应力相比于恒幅 R=0.06 所对应的应力低约 20MPa。这是由于在 1×10^5 及 5×10^5 寿命水平下，拉伸过载效应不明显和过载载荷产生大的损伤累积导致的。即当远程应力水平较低时，其相应的过载应力也随之降低，这时过载应力导致的过载效应也随之减弱甚至消失；同时，该过载应力也产生了大的损伤累积。当过载引起的效应抵消过载产生的损伤时，过载加载与未过载加载时在相同应力水平下疲劳总寿命相近，即 1×10^5 寿命水平情况；当过载引起的效应小于过载产生的损伤时，与未过载加载时相同应力水平下过载加载疲劳总寿命小于未过载加载，即 5×10^5 寿命水平情况。

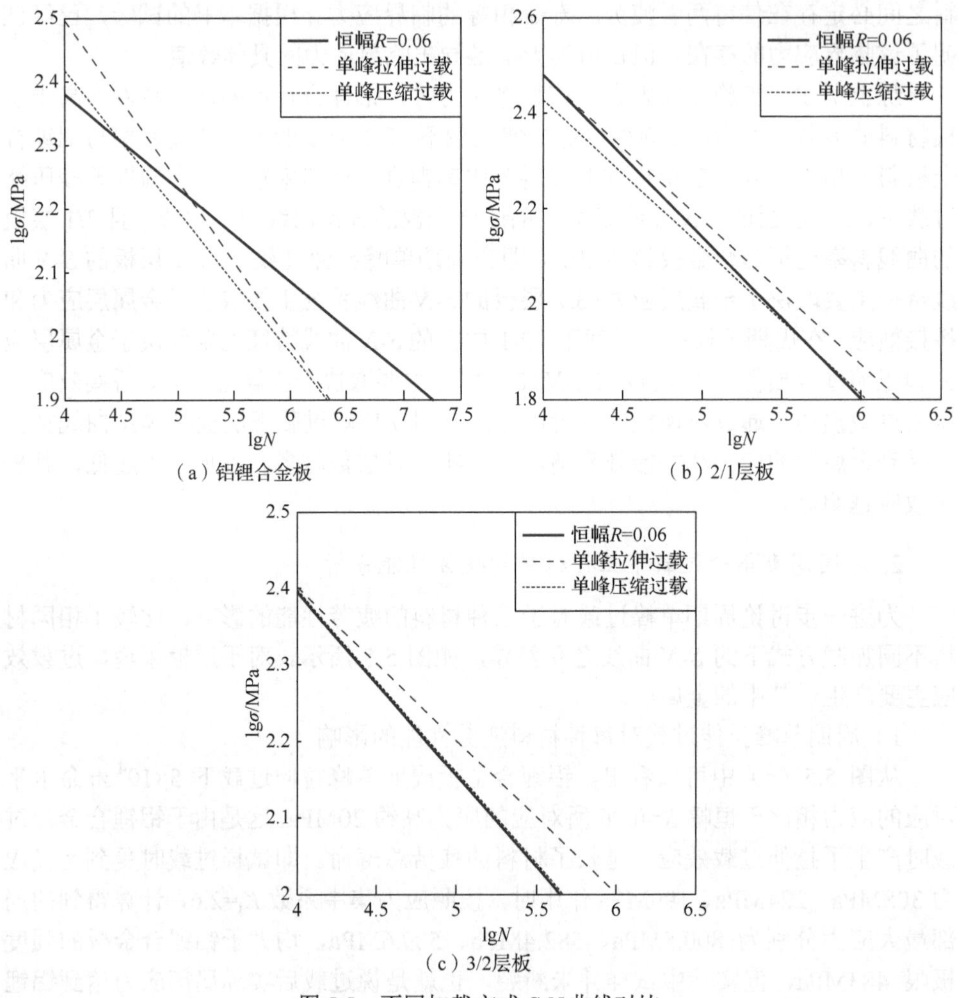

图 5.5 不同加载方式 S-N 曲线对比

从图 5.5（b）和（c）中看出，2/1 层板及 3/2 层板周期单峰拉伸过载下每级寿命水平对应的应力相比于恒幅 R=0.06 所对应的应力高约 10～30MPa。这是由于层板材料中金属层同样发生了拉伸过载效应。同时，层板中金属层受到的应力高于层板所受的远程应力，将导致层板材料较合金材料的拉伸过载效应更明显，且层板发生过载效应时对应的应力低于合金材料发生过载效应对应的应力。在受到相同远程应力时，层板中金属层局部应力大于合金材料的局部应力。原因有以下两点：①层板的金属层本身存在残余拉应力；②层板组分材料弹性模量不同，预浸料弹性模量小，金属材料弹性模量大，当合金材料与层板材料受到相同远程应力时，金属层所受应力大于施加应力。

2）周期单峰压缩过载对每种材料疲劳性能的影响

从图 5.5（a）中可以看出，铝锂合金板周期单峰压缩过载在每级寿命水平下对应的应力相比于恒幅 R=0.06 所对应的应力低约 20～30MPa。这是由于铝锂合金板在压缩过载作用下发生了加速破坏效应。从断裂力学角度分析，通过计算知过载后未发生屈服，其损伤机理需进一步研究。根据累积损伤原理，当采用线性累积损伤准则，通过 Goodman 平均应力修正方法计算过载载荷应力比−3/5 下最大值 200MPa 的损伤值 D_i 约为 1/14000，且已知恒幅 R=0.06 下最大值 200MPa 的损伤值 D_i 约为 1/50000，计算可知理论疲劳总寿命与实际疲劳总寿命相差很多，其损伤机理需进一步研究。因此，压缩过载载荷的损伤量远大于正常载荷的损伤量，呈非线性趋势，从而造成了加速破坏现象。同理，在其他应力水平下，加速现象亦是如此，且随着应力的降低，其损伤值 D_i 随之减小。

从图 5.5（b）中可以看出，2/1 层板周期单峰压缩过载在 5×10^4 及 1×10^5 寿命水平下对应的应力相比于恒幅 R=0.06 所对应的应力低约 10～20MPa。这是由于层板材料受压时有塑性变形并产生残余拉应力，加速了断裂破坏。即试样受到压缩载荷时，当金属层中所受压缩应力与层间内力之和超过材料的压缩屈服极限后，产生了塑性区。应力较大区域会产生较大的压缩塑性变形，而邻近区应力较低，塑性变形很小或有弹性变形，由于变形的不协调，试样表面（无裂纹）或裂纹尖端会产生残余拉应力，或抵消正向拉伸塑性变形留下的残余拉应力作用，其结果促进了表面裂纹的萌生和扩展，加速了疲劳试样的断裂。

从图 5.5（b）中可以看出，2/1 层板周期单峰压缩过载在 5×10^5 寿命水平下对应的应力相比于恒幅 R=0.06 所对应的应力高约 10MPa；图 5.5（c）中，3/2 层板周期单峰压缩过载在每级寿命水平下对应的应力也略高于恒幅 R=0.06 所对应的应力。这是由于当压缩应力与层间内力之和未超过材料的压缩屈服极限，没有塑性区产生，但压缩应力抵消了金属层本身带有的一部分残余拉应力，从而延长了疲劳总寿命。

综上所述，在周期单峰拉伸过载下，2/1 层板及 3/2 层板均发生了过载迟滞效应。层板材料较合金材料的拉伸过载效应更明显，且层板发生过载效应时所需的应力水平低于合金材料发生过载效应所需的应力水平。在单峰压缩过载下，2/1层板在高远程应力时发生了过载加速效应，在低远程应力时过载加速效应消失，其疲劳总寿命与未过载载荷相应应力水平下疲劳总寿命相近；3/2层板在各应力下均未发生过载加速效应，其疲劳总寿命与未过载载荷相应应力水平下疲劳总寿命相近。

5.3 周期单峰过载下层板疲劳总寿命预测模型

5.3.1 基于组分材料性能预测层板的疲劳总寿命

根据本章试验情况，铝锂合金板的疲劳总寿命高于层板的疲劳总寿命。也就是说，其试验应力高于临界应力。因此，本节主要研究内容是当试验应力高于临界应力时，金属材料和层板在周期单峰过载下疲劳性能的关系。根据5.2.2节结论，从整体的角度出发，将裂纹萌生和裂纹扩展统一为一个损伤过程，基于金属材料的损伤过程，考虑层板金属层实际应力和桥接应力的影响，推导出层板金属层的损伤状态，最终实现层板周期单峰过载下疲劳总寿命的预测。即基于周期单峰过载下铝锂合金材料的*S-N*曲线，可以预测相应载荷下不同结构的层板的疲劳总寿命。

在疲劳加载过程中，该纤维金属层板的失效判据是层板中金属层完全断裂。因此，层板的疲劳破坏过程也是其金属层的损伤过程。以层板金属层为研究对象，引入相应的修正因子来反映层板的桥接效应及损伤情况对组分金属疲劳性能的影响，从而预测层板的疲劳总寿命。

由于*S-N*曲线通常是以应力作为纵坐标，以疲劳总寿命作为横坐标，为了下文计算方便，在模型推导之前，本节将*S-N*曲线的表达式（2.7）改写成下式：

$$\lg\|\sigma_{\mathrm{p}}\| = a\lg N + b \tag{5.3}$$

式中，σ_{p}为施加应力的应力峰值；$a=1/A$参数a为式（5.3）表示的*S-N*曲线在坐标图上的斜率；$b=1/B$，参数b为式（5.3）表示的*S-N*曲线在坐标图上的截距。

根据复合材料层板理论，可以实现层板中每一组分材料应力的求解，其推导过程如下。根据材料的本构关系，层板中金属层的应力、应变可以表示为

$$\sigma_{\mathrm{met}} = S_{\mathrm{met}}\varepsilon_{\mathrm{met}} \tag{5.4}$$

$$\varepsilon_{\mathrm{met}} = C_{\mathrm{met}}\sigma_{\mathrm{met}} \tag{5.5}$$

式中，S_{met}为层板中金属层的刚度矩阵；C_{met}为层板中金属层的柔度矩阵；σ_{met}为金属层的应力分量；$\varepsilon_{\mathrm{met}}$为金属层的应变分量。

$$\sigma_{\mathrm{met}} = \begin{bmatrix} \sigma_{\mathrm{met},x} \\ \sigma_{\mathrm{met},y} \\ \sigma_{\mathrm{met},z} \end{bmatrix},\quad \varepsilon_{\mathrm{met}} = \begin{bmatrix} \varepsilon_{\mathrm{met},x} \\ \varepsilon_{\mathrm{met},y} \\ \gamma_{\mathrm{met},z} \end{bmatrix} \tag{5.6}$$

层板整体的应力、应变可以表示为

$$\sigma_{\text{lam}} = S_{\text{lam}}\varepsilon_{\text{lam}} \tag{5.7}$$

$$\varepsilon_{\text{lam}} = C_{\text{lam}}\sigma_{\text{lam}} \tag{5.8}$$

式中，S_{lam} 为层板的整体刚度矩阵；C_{lam} 为层板的整体柔度矩阵；σ_{lam} 为层板的应力分量；ε_{lam} 为层板的应变分量。

$$\sigma_{\text{lam}} = \begin{bmatrix} \sigma_{\text{lam},x} \\ \sigma_{\text{lam},y} \\ \sigma_{\text{lam},z} \end{bmatrix},\quad \varepsilon_{\text{lam}} = \begin{bmatrix} \varepsilon_{\text{lam},x} \\ \varepsilon_{\text{lam},y} \\ \varepsilon_{\text{lam},z} \end{bmatrix} \tag{5.9}$$

当层板受到外部载荷时，假设其外部应力为σ_{far}，则有

$$\sigma_{\text{lam}} = \sigma_{\text{far}} \tag{5.10}$$

层板的应变ε_{lam}可以表达为

$$\varepsilon_{\text{lam}} = C_{\text{lam}}\sigma_{\text{far}} \tag{5.11}$$

根据层板理论，可知层板的应变ε_{lam}与金属层的应变ε_{met}相同：

$$\varepsilon_{\text{lam}} = \varepsilon_{\text{met}} \tag{5.12}$$

根据式（5.4）、式（5.11）和式（5.12），金属层应力σ_{met}可表达为

$$\sigma_{\text{met}} = S_{\text{met}}C_{\text{lam}}\sigma_{\text{far}} \tag{5.13}$$

根据刚度矩阵、柔度矩阵及弹性模量三者之间的关系，式（5.13）可进一步表达为

$$\sigma_{\text{met}} = \beta_1\sigma_{\text{far}} \tag{5.14}$$

$$\beta_1 = E_{\text{met}}/E_{\text{lam}} \tag{5.15}$$

式中，E_{met} 是金属材料的弹性模量；E_{lam} 是层板材料的弹性模量，该参数可以通过层板的性能等效算法来求解。

S-N 曲线的另一种表达方式为

$$\|\sigma_{\text{p}}\| = CN^a \tag{5.16}$$

当金属材料的 *S-N* 曲线是已知时，有

$$\sigma_{\text{met}} = \|\sigma_{\text{p}}\| = CN^a \tag{5.17}$$

将式（5.17）代入式（5.14），可以获得以下关系：

$$\sigma_{\text{far}} = CN^a/\beta_1 \tag{5.18}$$

对式（5.18）两边取对数有

$$\lg\sigma_{\text{far}} = a\lg N + \lg C - \lg\beta_1 \tag{5.19}$$

式中，根据式（5.3）和式（5.16）可知，$\lg C=b$。

方程（5.19）是金属材料和层板材料 *S-N* 曲线之间的关系表达式，该表达式考虑了不同金属层应力对层板 *S-N* 曲线的影响。然而，根据上述结论，层板的 *S-N* 曲线特征主要有金属层的应力和桥接效应决定。即层板的 *S-N* 曲线不仅受金属体

积分数和组分材料弹性模量的影响，而且受层板的不同结构和不同远程应力水平影响。对于相同条件下，不同结构的层板将产生不同的桥接应力。因此，必须引入一个修正因子 β_2 来反映不同结构对桥接应力的影响，其表达式为

$$\lg\sigma_{\mathrm{far}}=\beta_2 a\lg N+b-\lg\left(E_{\mathrm{met}}/E_{\mathrm{lam}}\right)\tag{5.20}$$

式中，β_2 为层板的结构修正系数，它反映了层板结构对 S-N 曲线斜率的影响。此外，随着应力的增加，桥接效应对疲劳总寿命的影响将会减小。所以，需引入另一个修正因子 β_3 来反映这一现象，其表达式为

$$\lg\sigma_{\mathrm{far}}=\beta_2 a\lg N+\beta_3\left[b-\lg\left(E_{\mathrm{met}}/E_{\mathrm{lam}}\right)\right]\tag{5.21}$$

式中，β_3 为层板的体积修正因子，它反映了施加应力对桥接效应显著程度的影响。

在周期单峰拉伸过载下，三种材料的 S-N 曲线特点是 2/1 层板的 S-N 曲线斜率与铝锂合金板的曲线斜率相似，3/2 层板的 S-N 曲线斜率比铝锂合金板的曲线斜率更小。根据这一特点可知，2/1 层板的 S-N 曲线特征主要取决于金属层的应力；3/2 层板的 S-N 曲线特征主要取决于金属层的应力和桥接效应。同时，随着应力的增加，桥接效应对疲劳总寿命的影响将会减小。故基于周期单峰拉伸载荷下 2/1 层板和 3/2 层板 S-N 曲线特征，参数 β_2 和 β_3 可表示为

$$\beta_2=\frac{1}{2}\frac{n_{\mathrm{met}}}{n_{\mathrm{fm}}},\quad \beta_3=0.99^m\frac{\mathrm{MVF}_{n/n-1}}{\mathrm{MVF}_{2/1}}\tag{5.22}$$

式中，m 反映了不同层板对于施加的远程应力和桥接效应之间的联系，对于 2/1 层板，m 值为 1，对于 3/2 层板，m 值为 3；n_{met} 为层板中金属层的层数；n_{fm} 为层板中纤维层的层数；$\mathrm{MVF}_{n/n-1}$ 为不同结构层板的金属体积分数。

在周期单峰压缩过载下，三种材料的 S-N 曲线特点是 3/2 层板的 S-N 曲线斜率与铝锂合金板的曲线斜率相似，2/1 层板的 S-N 曲线斜率比铝锂合金板的曲线斜率更大。根据这一特点可知，2/1 层板的 S-N 曲线特征主要取决于金属层应力和压缩过载损伤；3/2 层板的 S-N 曲线特征主要取决于金属层应力、桥接效应和压缩过载损伤。故基于周期单峰压缩载荷下 2/1 层板和 3/2 层板 S-N 曲线特征，参数 β_2 和 β_3 可表示为

$$\beta_2=\frac{2}{3}\frac{n_{\mathrm{met}}}{n_{\mathrm{fm}}},\quad \beta_3=0.99^m\frac{\mathrm{MVF}_{n/n-1}}{\mathrm{MVF}_{3/2}}\tag{5.23}$$

式中，m 反映了不同层板施加的远程应力与桥接效应及压缩过载时产生的特定损伤之间的关系。对于 2/1 层板，m 值为−3；对于 3/2 层板，m 值为 1；对于高于 3/2 结构的层板，m 值为 3。其余参数意义与上述相同。

参数 β_2 的修正公式反映了层板疲劳性能与层板结构之间的关系。在相同条件下，层数越多，桥接效应越明显，疲劳性能越好。参数 β_3 的修正公式反映了桥接效应与施加远程应力的关系。随着应力的增加，远程应力越高，其桥接效应越不明显。

根据上述模型的推导过程，可以发现模型中没有考虑固化残余应力的影响。这是由于在拉伸过载和压缩过载下，固化残余应力对层板疲劳总寿命的影响非常小，因此，这里将其忽略。此外，上文主要研究了当施加的远程应力大于临界应力时，合金材料与层板疲劳性能之间的关系特征，并根据 *S-N* 曲线特征引入了相应的修正因子。因此，该模型的准确度主要取决于所施加的远程应力水平及加载方式。

5.3.2　基于恒幅疲劳性能预测过载下层板的疲劳总寿命

根据 5.2.2 节结论，在周期单峰拉伸过载下，2/1 层板及 3/2 层板均发生了过载迟滞效应，层板材料较合金材料的拉伸过载效应更明显，且层板发生过载效应时对应的应力低于合金材料发生过载效应对应的应力；在周期单峰压缩过载下，2/1 层板在高远程应力时发生了过载加速效应，在低远程应力时过载加速效应消失，其疲劳总寿命与未过载载荷相应应力水平下疲劳总寿命相近，3/2 层板在各应力下均未发生过载加速效应，其疲劳总寿命与未过载载荷相应应力水平下疲劳总寿命相近。根据图 5.5（b）和（c），针对以上结论进一步概括：在周期单峰拉伸过载下，2/1 层板及 3/2 层板均发生了过载迟滞效应；在周期单峰压缩过载下，2/1 层板及 3/2 层板总体来说其过载效应不明显，过载和未过载 *S-N* 曲线相差不大。故本节主要研究内容为周期单峰拉伸过载下不同结构层板疲劳总寿命的预测。

在以前的研究中，周期单峰拉伸过载下层板裂纹扩展寿命的研究是从断裂力学角度进行分析的。根据本书试验研究情况，在高应力下层板的裂纹扩展寿命占疲劳总寿命的比例减小。也就是说，裂纹萌生寿命占疲劳总寿命比例增加，即裂纹萌生寿命在实际应用中将不能再忽视。这时，层板疲劳总寿命的研究应同时考虑裂纹萌生寿命和裂纹扩展寿命。然而，断裂力学往往用于分析裂纹的扩展情况，不适用于裂纹形成阶段中损伤的描述。损伤力学是一种传统的疲劳性能分析方法，可从损伤的角度对材料性能进行分析。其中损伤的形式多种多样，主要包括裂纹形成前的损伤和裂纹扩展损伤。故为了研究层板的疲劳总寿命，本节从损伤力学的角度，对层板在周期单峰拉伸过载下的疲劳总寿命进行分析研究。

以损伤理论为基础，变幅载荷下材料的疲劳总寿命预测，无论金属材料还是复合材料，传统的研究思路是基于材料在恒幅载荷下的 *S-N* 曲线，来实现变幅载荷下疲劳总寿命的预测。变幅载荷下疲劳寿命预测方法主要有三部分内容：①载荷循环计数；②平均应力修正；③损伤累积。在目前的研究中，为了确定一个有效的变幅寿命预测方法用于工程实际中，已尝试对比了上述模块中每一个模型的不同。其中，雨流循环计数方法、Goodman 平均应力修正方法和 Miner 累积损伤准则分别是众所周知、应用最广泛的计数方法、平均应力修正方法及损伤准则。由于本章研究的加载方式是周期单峰拉伸过载，其只有两级应力水平，故载荷循环计数这一部分可以省略。对于周期单峰拉伸过载下层板的疲劳总寿命预测，只需研究平均应力修正和损伤累积这两部分内容。

对于平均应力修正方法，由于本节研究的疲劳加载方式为周期单峰拉伸过载，载荷形式为大部分的恒幅 R=0.06 的载荷及极少数的过载载荷。其中，恒幅 R=0.06 载荷下的层板 S-N 曲线已通过试验确定，其过载载荷的 S-N 曲线需通过平均应力修正方法进行转换来获得。由于过载载荷作用次数较少，不同平均应力修正方法对其最终结果的影响较小，故本节采用 Goodman 平均应力修正方法。Goodman 平均应力修正方法作为最普遍及应用最广泛的平均应力修正方法，其实现过程如下。Goodman 平均应力修正方法的基本 S-N 曲线为 R=−1 的对称循环 S-N 曲线。其平均应力修正方法的示意图如图 5.6 所示。

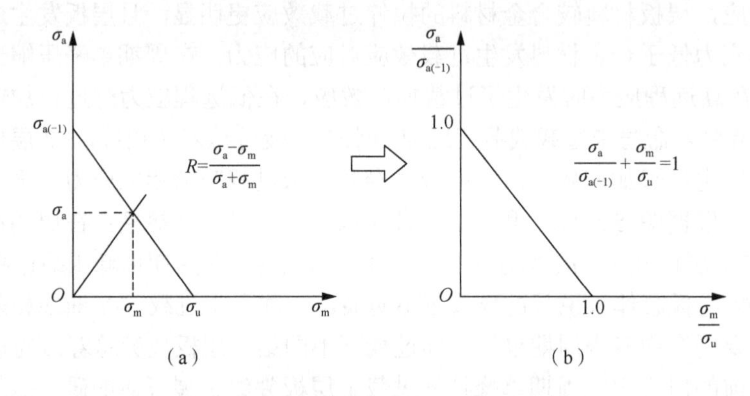

图 5.6 Goodman 平均应力修正示意图

根据平均应力 σ_m、应力幅 σ_a 和应力比 R 三者关系可知，应力比可表达为

$$R = \frac{\sigma_a - \sigma_m}{\sigma_a + \sigma_m} \tag{5.24}$$

又由图 5.6（a）所示，根据三角形相似原理可得

$$\frac{\sigma_{a(-1)} - \sigma_a}{\sigma_m} = \frac{\sigma_{a(-1)}}{\sigma_u} \tag{5.25}$$

式中，σ_u 为材料的静拉伸强度。通过对式（5.25）进行变换，可得关系式如下，示意图如图 5.6（b）所示：

$$\frac{\sigma_a}{\sigma_{a(-1)}} + \frac{\sigma_m}{\sigma_u} = 1 \tag{5.26}$$

通过式（5.26），即可求得层板在对称循环应力 R=−1 的 S-N 曲线上对应于循环应力 (σ_a,σ_m) 的应力幅 $\sigma_{a(-1)}$。最后，将所获得的应力幅代入 R=−1 的 S-N 曲线中，即可获得在循环应力 (σ_a,σ_m) 下的层板疲劳总寿命。

对于疲劳损伤累积准则，该准则的先决条件包括在不同的循环应力下存在等效的疲劳损伤以及存在独立于应力水平的临界损伤。Miner 累积损伤准则作为工程实际中应用最广泛的线性损伤累积准则，其表达式为

$$\sum_{i=1}^{n}(1/N_i)=1 \tag{5.27}$$

该准则中，相同的循环比 n_i/N_i 意味着相同的疲劳损伤值 D_i，由一个包含 n 次 σ_i 应力循环的变幅载荷历程所产生的累积疲劳损伤等价于 $\sum_{i=1}^{n}(1/N_i)$，当疲劳累积损伤达到临界损伤值 D（D=1）时，则发生疲劳破坏。

根据上文总结可知，在周期单峰拉伸过载下，2/1 层板及 3/2 层板均发生了过载迟滞效应。也就是说，在周期单峰拉伸过载下，2/1 层板及 3/2 层板的疲劳总寿命增加。然而，从损伤力学的角度进行分析，材料在受载下必然将产生损伤，同时在大载荷作用下将产生更大的损伤。因此，对于层板在周期单峰拉伸载荷下疲劳总寿命增加的合理解释是在周期单峰拉伸过载下材料的属性得到强化，疲劳性能得以提升。也就是说，层板在周期单峰拉伸过载下，层板材料的临界损伤值 D 提升。

为了使得 Miner 累积损伤准则适用于周期单峰拉伸过载下层板材料的疲劳总寿命预测，应对 Miner 累积损伤准则中的临界损伤值 D 进行相应的修正。即通过引进相应的修正因子，对 Miner 累积损伤准则中的临界损伤值 D 进行修正，其修正形式如下：

$$\sum_{i=1}^{n}(1/N_i)=\alpha \tag{5.28}$$

式中，α 为临界损伤值 D 的修正因子。根据本章对周期单峰拉伸过载试验的分析，α 值大于 1。

根据上文试验分析，层板材料较合金材料的拉伸过载效应更明显，且层板发生过载效应时对应的应力低于合金材料发生过载效应对应的应力。这是由于在相同远程应力下，层板中金属层所受应力大于合金材料应力。也就是说，相同远程应力下，层板在周期单峰拉伸过载下发生的过载迟滞效应与层板金属层的应力有关，金属层应力越大，其过载迟滞效应越明显。相同远程应力下，3/2 层板的迟滞效应较 2/1 层板迟滞效应更明显这一现象也证明了这个结论。进一步分析，在相同远程应力下，影响金属层应力大小的因素主要有金属体积分数和远程过载应力。远程过载应力相同情况下，层板金属体积分数越小，过载迟滞效应越明显；在层板金属体积分数相同情况下，远程过载应力越大，即过载比越高，过载迟滞效应越明显[39,40,174]。根据上述结论，其修正因子 α 可表达为

$$\alpha = 1 + 0.1\left(\frac{R_{\mathrm{ol}}}{\mathrm{MVF}}\right) \tag{5.29}$$

式中，R_{ol} 为周期单峰拉伸载荷的过载比，$R_{\mathrm{ol}}>1$；MVF 为金属体积分数。又由于只有在过载载荷超过材料的屈服极限以产生塑性变形时，层板材料在拉伸过载下能表现出过载迟滞效应，所以该修正因子 α 有一个适用范围：

$$\sigma_{\mathrm{ol,met}} \geqslant \sigma_{0.2} \tag{5.30}$$

式中，$\sigma_{\mathrm{ol,met}}$ 为层板在过载下金属层中的应力；$\sigma_{0.2}$ 为金属材料的屈服强度。

故根据上述结论，对 Miner 累积损伤准则的临界损伤值 D 进行相应的修正，其修正后 Miner 累积损伤准则的表达式为

$$\sum_{i=1}^{n}\left(1/N_i\right) = 1 + 0.1\left(\frac{R_{\mathrm{ol}}}{\mathrm{MVF}}\right),\ \sigma_{\mathrm{ol,met}} \geqslant \sigma_{0.2} \tag{5.31}$$

5.4 周期单峰过载下层板疲劳总寿命预测模型验证

5.4.1 基于组分性能的预测模型验证

为了验证上述推导的基于组分性能的层板疲劳总寿命预测模型的有效性，本节以2/1层板及3/2层板在周期单峰拉伸过载和周期单峰压缩过载下的疲劳总寿命问题为例，使用该预测模型实现了其疲劳总寿命的预测。

该模型在所预测的加载方式下以铝锂合金板的 *S-N* 曲线为基础输入数据，采用 3.4.2 节介绍的能量法性能等效算法求解层板的弹性模量，并使用上述推导的模型预测了相应过载方式下的 2/1 层板及 3/2 层板的 *S-N* 曲线。将预测曲线与试验曲线进行对比，其结果如图 5.7 所示，其曲线参数对比情况如表 5.3 所示。

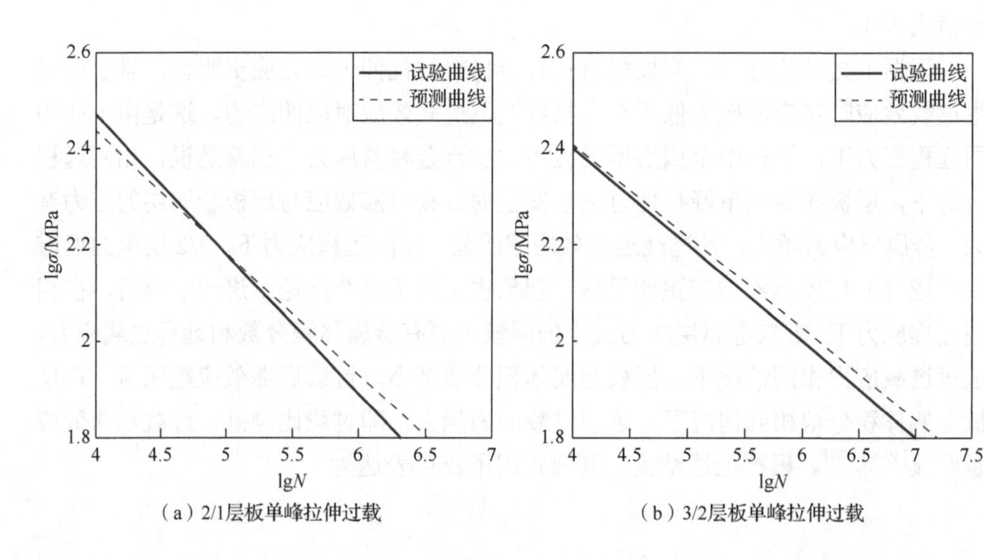

（a）2/1层板单峰拉伸过载　　（b）3/2层板单峰拉伸过载

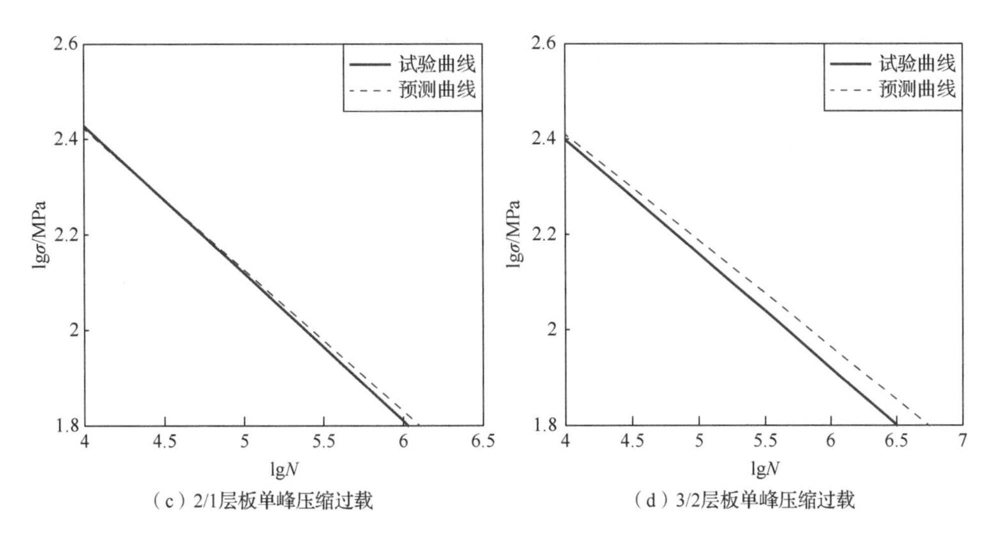

（c）2/1层板单峰压缩过载　　（d）3/2层板单峰压缩过载

图 5.7　周期单峰拉伸过载下预测曲线（基于组分性能的预测模型结果）和试验曲线的比较

表 5.3　层板材料周期单峰过载下 *S-N* 曲线特征参数的对比

材料	加载方式	预测曲线		试验曲线	
		a	*b*	*a*	*b*
2/1 层板	周期单峰拉伸过载	−0.2531	3.4489	−0.2901	3.6310
	周期单峰压缩过载	−0.2956	3.6048	−0.3086	3.6615
3/2 层板	周期单峰拉伸过载	−0.1898	3.1663	−0.2001	3.2006
	周期单峰压缩过载	−0.2217	3.2959	−0.2393	3.3558

为了更直观地验证预测模型的准确性，通过预测模型获得的 *S-N* 曲线分别计算了各加载方式对应三个应力水平下层板材料的疲劳总寿命，并将三个应力水平下的预测结果与试验结果进行比较。其中每个 *S-N* 曲线的三个应力水平并不相同，对比情况详见表 5.4。

表 5.4　层板材料周期单峰过载下疲劳总寿命预测结果与试验结果

材料	加载方式	最大应力/MPa	预测疲劳总寿命 N	试验疲劳总寿命 N
2/1 层板	周期单峰拉伸过载	200	34296	43803
		140	140366	116225
		90	804272	555137
	周期单峰压缩过载	160	54756	54238
		120	144908	126999
		90	383489	349865

续表

材料	加载方式	最大应力/MPa	预测疲劳总寿命 N	试验疲劳总寿命 N
3/2 层板	周期单峰拉伸过载	180	63086	51773
		160	117339	101859
		120	534204	397649
	周期单峰压缩过载	170	60047	52711
		140	142519	105657
		100	650304	473588

通过比较不同加载方式下每种材料的预测曲线，如图 5.7 和表 5.3 所示，可以发现预测的 *S-N* 曲线和试验获得的 *S-N* 曲线彼此接近。通过比较不同加载方式下三个应力水平时的预测疲劳总寿命与试验疲劳总寿命数据，如表 5.4 所示，可以发现预测结果与试验结果吻合较好。通过上述对比分析，证明该模型对被检材料具有较高的预测准确性。

5.4.2 基于恒幅疲劳性能的预测模型验证

为了验证上述推导的基于恒幅疲劳性能的层板疲劳总寿命预测模型的有效性，本节以 2/1 层板及 3/2 层板在周期单峰拉伸过载下的疲劳总寿命问题为例，使用该预测模型实现了其疲劳总寿命的预测。

该模型以所研究材料在恒幅载荷下的 *S-N* 曲线为基础输入数据（通常为恒幅 $R=-1$ 的 *S-N* 曲线），采用平均应力修正方法将所受的循环应力转换为恒幅已知应力比下的等效应力，并代入到已知的 *S-N* 曲线获得许用疲劳总寿命，最后使用式（5.28）修正的 Miner 模型预测了 2/1 层板及 3/2 层板在周期单峰拉伸过载下的 *S-N* 曲线。将预测曲线与试验曲线进行对比，其结果如图 5.8 所示。在预测过程中，将用到 2/1 层板和 3/2 层板在恒幅 $R=0.06$ 和 $R=-1$ 下的 *S-N* 曲线数据，本书已通过试验获得该数据。

为了更直观地验证预测模型的准确性，通过该预测模型分别计算了周期单峰拉伸过载的三个应力水平下层板材料的疲劳总寿命，并将三个应力水平下的预测结果与试验结果进行比较。其中每个 *S-N* 曲线的三个应力水平并不相同，对比情况详见表 5.5。

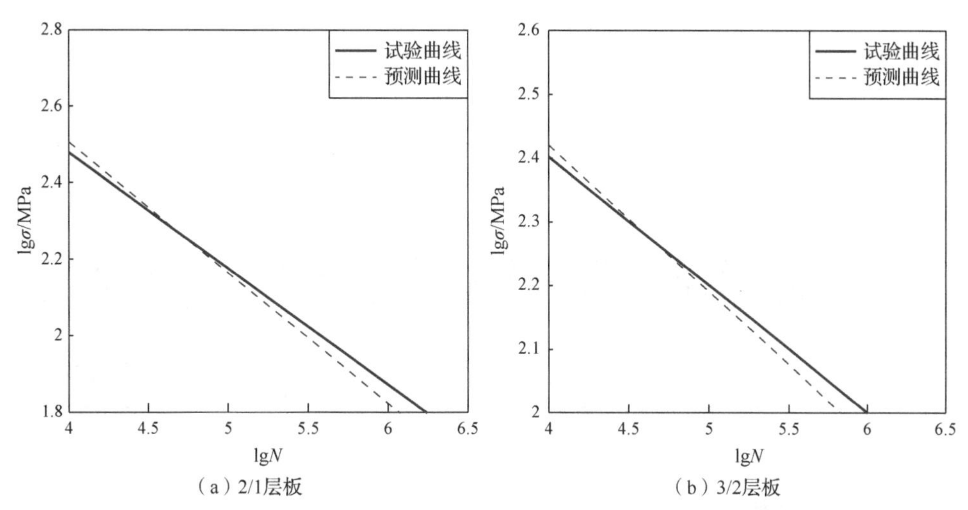

（a）2/1层板　　（b）3/2层板

图 5.8　周期单峰拉伸过载下预测曲线（基于恒幅疲劳性能的预测模型结果）和试验曲线的比较

表 5.5　层板材料周期单峰拉伸过载下疲劳总寿命预测结果与试验结果

材料	最大应力/MPa	预测疲劳总寿命 N	试验疲劳总寿命 N
2/1 层板	200	40023	43803
	140	113252	116225
	90	416154	555137
3/2 层板	180	45220	51773
	160	76026	101859
	120	266820	397649

通过比较不同加载方式下每种材料的预测曲线，如图 5.8 所示，可以发现预测的 S-N 曲线和试验获得的 S-N 曲线彼此接近。通过比较不同加载方式下三个应力水平下的预测疲劳总寿命与试验疲劳总寿命数据，如表 5.5 所示，可以发现预测结果与试验结果吻合较好。通过上述对比分析，证明该模型对被检材料具有较高的预测准确性。

第6章

新型纤维金属层板周期高低加载疲劳总寿命研究

6.1 概述

本章为分析玻璃纤维增强铝锂合金层板在周期高低加载下疲劳性能特点并预测其疲劳总寿命，对玻璃纤维增强铝锂合金层板（2/1 结构及 3/2 结构）及其组分金属板分别进行周期高低加载下 *S-N* 曲线试验。即通过对每种材料试样施加不同循环特征的循环应力（应力比为 R=0.06 的恒幅循环应力，过载比为 1.4 的周期高低加载），共获得了 6 种应力-总寿命试验数据。

在对试验数据进行处理和统计分析的基础上，本章总结了不同加载方式的各应力水平下的疲劳总寿命数据的分布规律，并使用样本信息聚集原理，拟合出了各材料在不同加载方式下的 *P-S-N* 曲线。通过比较周期高低加载下不同材料的 *S-N* 曲线的差异，研究了三种材料在周期高低加载方式下的疲劳总寿命关系；通过比较相同材料不同加载方式下 *S-N* 曲线的差异，研究了周期高低加载对于不同材料恒幅疲劳性能的影响。

根据经典层板理论建立了层板材料与组合合金材料的应力关系，并结合材料的 *S-N* 曲线方程，通过总结层板材料与合金材料在周期高低加载下的疲劳总寿命关系特点，推导了基于层板组分材料性能的预测层板疲劳总寿命模型。同时，根据周期高低加载对不同材料恒幅疲劳性能的影响，对 Miner 累积损伤准则进行修正，实现了层板疲劳总寿命预测。最后，通过将预测结果与试验数据进行比较来验证模型的准确性。

6.2　试验数据处理及材料疲劳性能分析

6.2.1　试验数据处理分析

铝锂合金板、纤维增强铝锂合金 2/1 层板及 3/2 层板这三种材料在不同加载方式下的疲劳总寿命数据主要集中在 5×10^4～5×10^5 次循环，共包括 6 条 *S-N* 曲线。其中，3 条恒幅 R=0.06 下的疲劳总寿命数据情况已在第 5 章介绍，这里不再重复介绍。为了避免异常值对 *S-N* 曲线拟合的影响，使得拟合出的 *S-N* 曲线更能反映材料真实的疲劳性能，下面对材料的原始疲劳总寿命数据进行筛选。对于 3 条周期高低加载下的疲劳总寿命数据，首先，通过观察方法，根据试样的失效形式，对非正常失效的试样数据进行排除；然后，根据 Dixon 的 Q-准则[144]来进一步排除原始测试数据中的异常数据；最后，对筛选后的周期高低加载下疲劳总寿命数据进行分析及拟合。通过数据处理，其有效数据数量情况如表 6.1 所示。根据《金属材料轴向加载疲劳试验方法》（HB 5287—1996）[143]标准，每种材料在恒幅 R=0.06 和周期高低加载各应力水平下对应的 50%存活率的疲劳总寿命和对数疲劳总寿命的标准差，其表达式分别见式（5.1）和式（5.2），其结果如表 6.2 所示。

表 6.1　三种材料在周期高低加载方式下的有效数据数量

加载方式	铝锂合金板	2/1 层板	3/2 层板
周期高低加载	11	12	13

表 6.2　每种材料周期高低加载方式下的应力水平和相应的疲劳总寿命分布

材料	应力水平 σ_p/MPa	N_{50}/次	标准差
铝锂合金板	160	44480	0.0544
	140	92499	0.0304
	100	311520	0.0945
2/1 层板	130	63905	0.0112
	110	117166	0.0856
	90	237706	0.1098
3/2 层板	150	50062	0.0581
	120	98402	0.0398
	90	466724	0.1062

对整理的数据进行线性拟合，共获得 6 条中值 *S-N* 曲线。在航空航天领域，对材料的性能要求很高，经常用到材料的 *P-S-N* 曲线。由于试验数据点较少，本书应用样本信息聚集原理及方法[172]，拟合出置信度 0.95、可靠度分别为 0.90 和 0.99 的 *P-S-N* 曲线。由于恒幅 R=0.06 下的三条 *S-N* 曲线已在第 5 章介绍，故只介

绍周期高低加载下的三条 S-N 曲线，如图 6.1 所示。

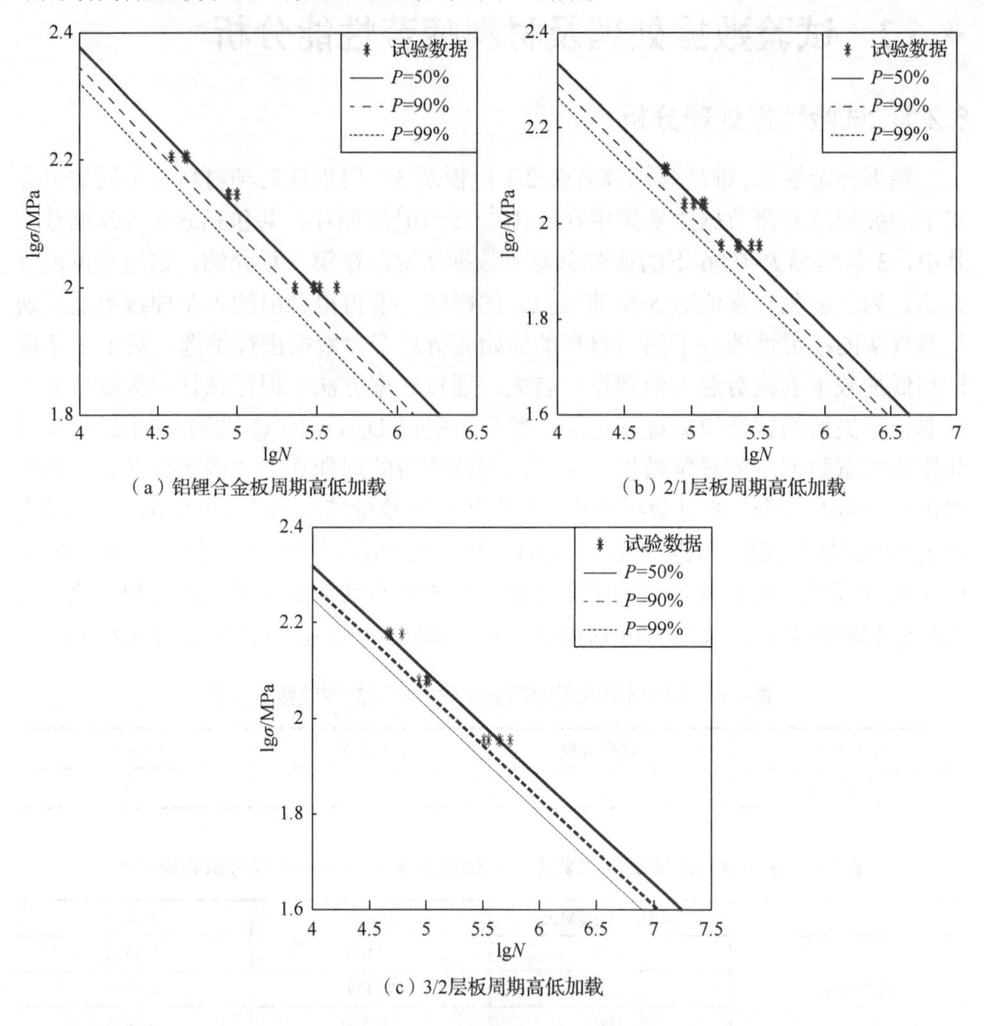

（a）铝锂合金板周期高低加载

（b）2/1层板周期高低加载

（c）3/2层板周期高低加载

图 6.1 测试数据及 P-S-N 曲线

通过对测试数据进行分析，可以发现：三种材料在恒幅载荷和周期高低加载下的疲劳总寿命数据有较小的分散性（对数疲劳总寿命标准差的最小值和最大值分别为 0.0112 和 0.1990）；三种材料周期高低加载情况下疲劳总寿命数据的分散性没有明显的规律，但最终趋势是随着应力的减小分散性增加。此外，对于相同材料在不同加载方式下（包括恒幅 R=0.06 载荷和周期高低加载），三种材料的疲劳总寿命数据分散性无明显规律。

在对三种材料周期高低加载下的有效试验数据进行中值 S-N 曲线拟合过程中，可以发现在双对数坐标系下每个 S-N 曲线对应的应力与疲劳总寿命试验数据呈线性关系，且其线性回归结果具有很高的相关系数（超过 0.99）。根据试验情况，

取 5×10^4、1×10^5 及 5×10^5 寿命水平作为本章对比研究标准。

6.2.2　材料疲劳性能分析

由金属材料和层板材料疲劳损伤理论可知，金属材料的裂纹萌生和裂纹扩展寿命取决于所施加的应力；纤维金属层板的裂纹萌生寿命主要取决于层板中金属层的应力，层板的裂纹扩展寿命主要取决于金属层的应力和桥接应力。其中，对于不同结构的层板，层数越多，桥接效应越明显[173]。下面从不同的角度对材料性能进行分析。

1. 周期高低加载下三种材料的疲劳性能分析

为进一步讨论三种不同结构材料的疲劳性能特点，比较了周期高低加载下不同材料的 *S-N* 曲线之间的差异，如图 6.2 所示。

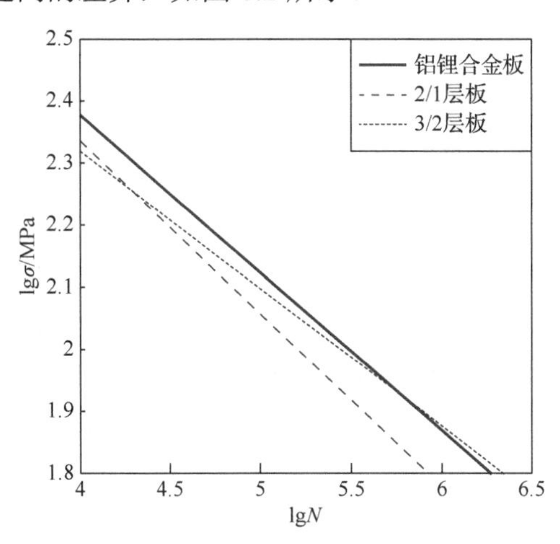

图 6.2　不同材料在周期高低加载下 *S-N* 曲线对比

1）不同材料疲劳总寿命分析

从图 6.2 中可以看出，在疲劳试验的主要寿命范围内（5×10^4～5×10^5 循环寿命），对于相同远程应力的情况，铝锂合金板的疲劳总寿命高于 2/1 层板和 3/2 层板的疲劳总寿命，3/2 层板的疲劳总寿命高于 2/1 层板的疲劳总寿命。

铝锂合金板疲劳总寿命高于 2/1 层板和 3/2 层板疲劳总寿命的原因解释如下。通过纤维金属层板的结构特点可知，当层板与合金板受到相同的远程应力时，层板金属层的应力大于合金板的应力。也就是说，相同远程应力下，合金板的裂纹萌生寿命大于层板的裂纹萌生寿命。根据层板的桥接理论可知，桥接应力可以使得层板的裂纹扩展速率大幅度降低（低于合金板的裂纹扩展速率）。也就是说，相同远程应力下，层板的裂纹扩展寿命大于合金板的裂纹扩展寿命。两种材料裂纹扩展寿命之间的这种特征将随着远程应力的减小变得更明显。在试验应力下，合金板和层板的裂纹萌生寿命之差高于合金板和层板的裂纹扩展寿命之差。因此，铝锂合金板的疲劳总寿命高于2/1层板和3/2层板的疲劳总寿命。

3/2层板的疲劳总寿命高于2/1层板疲劳总寿命的原因解释如下。根据纤维金属层板的结构特点，通过简单的分析和计算可知，远程应力相同时，3/2层板的金属层应力大于2/1层板的金属层应力。因此，3/2层板的裂纹萌生寿命小于2/1层板的裂纹萌生寿命。根据桥接效应特征，层数越多其桥接效应越明显。故相比于2/1层板，3/2层板的裂纹扩展速率将进一步降低。因此，相同远程应力下，3/2层板的裂纹扩展寿命高于2/1层板的裂纹扩展寿命。随着应力的减低，这种趋势将越明显。在试验应力下，2/1层板和3/2层板的裂纹萌生寿命之差低于2/1层板和3/2层板的裂纹扩展寿命之差，则3/2层板的疲劳总寿命高于2/1层板的疲劳总寿命。

2）不同材料*S-N*曲线关系特征分析

图6.2描述了不同材料在周期高低加载下的*S-N*曲线对比情况。从图中可以看出，在测试寿命范围内，铝锂合金板的疲劳总寿命高于2/1层板和3/2层板的疲劳总寿命，3/2层板的疲劳总寿命高于2/1层板的疲劳总寿命。同时可以发现，2/1层板的*S-N*曲线斜率与铝锂合金板曲线斜率相近，且3/2层板的*S-N*曲线斜率相比于铝锂合金板曲线斜率较缓。3/2层板的*S-N*曲线与铝锂合金板曲线相交于一点，在交点左侧区，铝锂合金板的疲劳总寿命高于3/2层板的疲劳总寿命，在交点右侧区，铝锂合金板的疲劳总寿命低于3/2层板的疲劳总寿命；3/2层板的*S-N*曲线也与2/1层板曲线相交于一点，在交点左侧区，2/1层板的疲劳总寿命高于3/2层板的疲劳总寿命，在交点右侧区，2/1层板的疲劳总寿命低于3/2层板的疲劳总寿命。

造成上述现象的原因如下。根据桥接效应特征，对于不同结构的层板，层数越多其桥接效应越明显。在周期高低加载下，随着远程应力降低，2/1层板的桥接效应对于疲劳总寿命的影响并不明显，故其曲线特征主要取决于金属层的应力，其2/1层板的*S-N*曲线斜率与铝锂合金板曲线斜率相近；3/2层板的桥接效应对于疲劳总寿命的影响更为明显，故其曲线特征主要取决于金属层应力和桥接效应，其3/2层板的*S-N*曲线斜率相比于铝锂合金板曲线斜率较缓。3/2层板的*S-N*曲线与铝锂合金板曲线相交于一点。这是因为，在测试应力下，合金板的疲劳总寿命比3/2层板的疲劳总寿命更长，随着应力的降低，桥接效应3/2层板的疲劳总寿命比合金板疲劳总寿命增加更快。根据连续性原则，两条直线必然相交于一点。3/2层板的*S-N*曲线也与2/1层板的*S-N*曲线相交于一点。这是因为，在测试应力下，3/2层板的疲劳总寿命比2/1层板的疲劳总寿命更长，随着应力的增加，3/2层板的金属层应力增加比2/1层板更快，同时3/2层板的桥接效应变得不明显，这将导致3/2层板的疲劳总寿命比2/1层板疲劳总寿命下降更快。根据连续性原则，两条直线必然相交。

根据第 4 章中层板与合金材料疲劳总寿命之间特征的推导过程可知，对于周期高低加载的情况下，层板与合金材料的疲劳总寿命之间仍然存在使两者疲劳总寿命相等的临界应力。当施加的应力大于临界应力时，合金材料的疲劳总寿命高于层板的疲劳总寿命；当施加的应力小于临界应力时，合金材料的疲劳总寿命低于层板的疲劳总寿命。

综上所述，当施加应力大于该临界应力时，铝锂合金板的疲劳总寿命高于层板材料的疲劳总寿命；在周期高低加载下，2/1 层板的 *S-N* 曲线斜率与铝锂合金板斜率相似，且 3/2 层板的曲线斜率比铝锂合金板斜率较小。即对于 2/1 层板，其 *S-N* 曲线特征主要取决于金属层应力；对于 3/2 层板，其 *S-N* 曲线特征主要取决于金属层应力和桥接效应。通过分析可知，层板的 *S-N* 曲线特征与前文所得规律相同。即层板的 *S-N* 曲线特征主要取决于金属层的应力和桥接效应情况；层数越多和施加应力越低，其桥接效应越明显。

2. 三种材料在周期高低加载下疲劳性能分析

为进一步讨论周期高低加载对于三种材料疲劳性能的影响，下面比较了相同材料、不同加载方式下的 *S-N* 曲线之间的差异，如图 6.3 所示。

1）周期高低加载对铝锂合金板疲劳性能的影响

从图 6.3（a）中可以看出，铝锂合金板在周期高低加载下所研究的疲劳总寿命水平内对应的应力均远小于恒幅 R=0.06 载荷下对应的应力。也就是说，铝锂合金板在周期高低加载下未能发生明显的过载迟滞效应（周期单峰拉伸过载）。这是由于多次大载荷作用对铝锂合金板产生大的损伤，该损伤可以忽略塑性变形（在大载荷作用时合金材料可能产生的塑性变形）对其疲劳总寿命的影响。故铝锂合金板在周期高低加载下的疲劳总寿命明显低于恒幅 R=0.06 载荷下的疲劳总寿命。

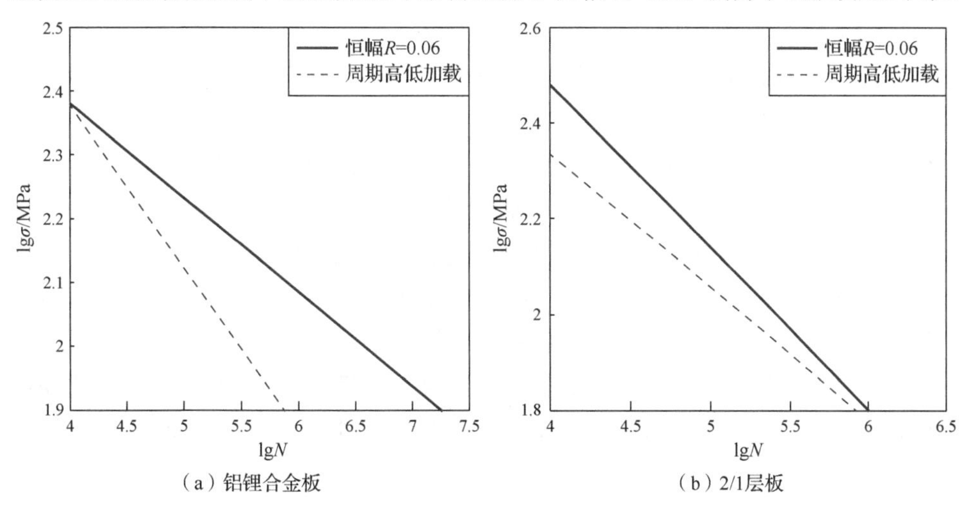

（a）铝锂合金板　（b）2/1层板

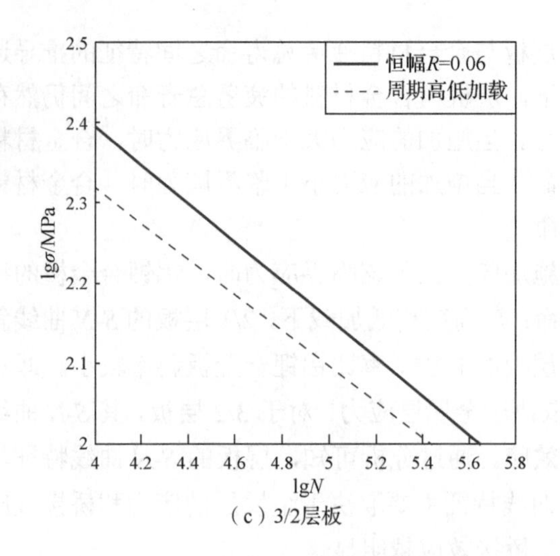

（c）3/2层板

图 6.3 不同加载方式下 S-N 曲线对比

下面从损伤力学的角度进一步研究周期高低加载下铝锂合金板的疲劳性能。根据线性累积损伤准则，通过分段线性平均应力修正方法计算恒幅 R=0.043 下高应力 224MPa 的损伤值 D_i 为 1/16780，并已知恒幅 R=0.06 下低应力 160MPa 的损伤值 D_i 为 1/156315，这时其线性累积损伤值 D 为 1.588。故其理论计算疲劳总寿命低于实际疲劳总寿命。在其他应力水平下，当计算恒幅 R=0.043 下高应力 196MPa 的损伤值 D_i 为 1/40202，且已知恒幅 R=0.06 下低应力 140MPa 的损伤值 D_i 为 1/386786，这时其线性累积损伤值 D 为 1.354。故其理论计算疲劳总寿命低于实际疲劳总寿命。当计算恒幅 R=0.043 下高应力 140MPa 的损伤值 D_i 为 1/363410，其已知恒幅 R=0.06 下低应力 100MPa 的损伤值 D_i 为 1/3794702，这时其线性累积损伤值 D 为 0.481。故其理论计算疲劳总寿命高于实际疲劳总寿命。

造成上述现象的原因如下。对于低寿命区内，过大的载荷对铝锂合金板产生了拉伸过载迟滞效应，同时周期高低加载的加载顺序对材料也产生了较大的损伤，当过载迟滞效应对疲劳总寿命的影响高于该损伤的影响时，合金材料破坏时的损伤值 D 将增加；对于高寿命区内，较大载荷对铝锂合金板未产生拉伸过载迟滞效应，或过载迟滞效应对疲劳总寿命的影响低于该损伤对疲劳总寿命的影响时，合金材料破坏时的损伤值 D 将降低。根据上述分析，这种损伤是非线性的。

故铝锂合金板在周期高低加载下的临界损伤值 D 并不一定小于 1。当大载荷产生的拉伸过载迟滞效应明显时，临界损伤值 D 将大于 1。周期高低加载虽然在远程应力相同情况下未能明显增加铝锂合金板的疲劳总寿命，但从损伤力学角度考虑，周期高低加载使得临界损伤值 D 增加，从而增加了材料的疲劳总寿命。

2）周期高低加载对层板材料疲劳性能的影响

从图 6.3（a）和（b）中可以看出，层板材料在周期高低加载下所研究的寿命水平内对应的应力均小于恒幅 R=0.06 载荷下对应的应力。也就是说，层板材料在周期高低加载下未能发生明显的过载迟滞效应（周期单峰拉伸过载）。这是由于多次大载荷作用对层板材料产生大的损伤，该损伤可以忽略塑性变形（在大载荷作用时层板金属层可能产生的塑性变形）对其疲劳总寿命的影响。故层板材料在周期高低加载下的疲劳总寿命明显低于恒幅 R=0.06 载荷下疲劳总寿命。

下面从损伤力学的角度进一步分析周期高低加载下层板材料的疲劳性能。对于 2/1 层板，根据线性累积损伤准则，通过分段线性平均应力修正方法计算恒幅 R=0.043 下高应力 182MPa 的损伤值 D_i 为 1/42861，并已知恒幅 R=0.06 下低应力 130MPa 的损伤值 D_i 为 1/118988，这时其线性累积损伤值 D 为 1.045；当计算恒幅 R=0.043 下高应力 154MPa 的损伤值 D_i 为 1/70199，且已知恒幅 R=0.06 下低应力 110MPa 的损伤值 D_i 为 1/194537，这时其线性累积损伤值 D 为 1.148；当计算恒幅 R=0.043 下高应力 126MPa 的损伤值 D_i 为 1/126940，且已知恒幅 R=0.06 下低应力 90MPa 的损伤值 D_i 为 1/351560，这时其线性累积损伤值 D 为 1.278。对于 3/2 层板，根据线性累积损伤准则，通过分段线性平均应力修正方法计算恒幅 R=0.043 下高应力 210MPa 的损伤值 D_i 为 1/19428，且已知恒幅 R=0.06 下低应力 150MPa 的损伤值 D_i 为 1/81714，这时其线性累积损伤值 D 为 1.789；当计算恒幅 R=0.043 下高应力 168MPa 的损伤值 D_i 为 1/49383，并已知恒幅 R=0.06 下低应力 120MPa 的损伤值 D_i 为 1/207252，这时其线性累积损伤值 D 为 1.245；当计算恒幅 R=0.043 下高应力 126MPa 的损伤值 D_i 为 1/164380，并已知恒幅 R=0.06 下低应力 90MPa 的损伤值 D_i 为 1/688177，这时其线性累积损伤值 D 为 1.774。

通过上述分析计算可知，与合金材料不同，层板材料在周期高低加载下其线性累积损伤值 D 均大于 1，且 3/2 层板相比于 2/1 层板的损伤值增加更明显。即周期高低加载并未使得层板材料的破坏损伤加快，反而在一定情况下增加了疲劳总寿命。这是由于过大的载荷对层板材料产生了拉伸过载迟滞效应，且周期高低加载的加载顺序对材料也产生了较大的损伤，当过载迟滞效应对疲劳总寿命的影响高于该非线性损伤的影响时，合金材料破坏时的损伤值 D 将增加。周期高低加载虽然在远程应力相同情况下未能明显增加层板材料的疲劳总寿命，但从损伤力学角度考虑，周期高低加载使得损伤值 D 增加，从而增加了层板的疲劳总寿命。

综上所述，在测试的范围内，周期高低加载情况并未使得材料的临界损伤值 D 都小于 1，相反，层板材料在周期高低加载下的临界损伤值 D 均大于 1。同时，在远程应力相同时，层板材料与铝锂合金板相比临界损伤值 D 的增加更加显著，且 3/2 层板相比于 2/1 层板的临界损伤值 D 增加更明显。也就是说，层板材料与铝锂合金板相比，在周期高低加载下临界损伤值 D 增加所对应的应力水平更低；3/2 层板相比于 2/1 层板，在周期高低加载下临界损伤值 D 增加所对应的应力水平更低。

6.3 周期高低加载下层板疲劳总寿命预测模型

6.3.1 基于组分材料性能预测层板的疲劳总寿命

根据本章试验情况，铝锂合金板在周期高低加载下的疲劳总寿命高于层板的疲劳总寿命。也就是说，其试验应力高于临界应力。因此，本节主要研究内容是当试验应力高于临界应力时，金属材料和层板在单峰过载下疲劳性能的关系。根据6.2.2节结论，从整体的角度出发，将裂纹萌生和裂纹扩展统一为一个损伤过程，基于金属材料的损伤过程，并考虑层板金属层实际应力和桥接应力的影响，推导出层板金属层的损伤状态，最终实现层板周期高低加载下疲劳总寿命的预测。

本节以层板金属层为研究对象，基于周期高低加载下铝锂合金板的 *S-N* 曲线，引入相应的修正因子来描述层板的桥接效应，从而实现相应载荷下不同结构的层板疲劳总寿命的预测。

为了下面计算方便，本节将 *S-N* 曲线的表达式（2.7）改写成下式：

$$\lg\left\|\sigma_{\mathrm{p}}\right\| = a\lg N + b \tag{6.1}$$

式中，σ_{p} 为施加应力的应力峰值；参数 a 为式（6.1）表示的 *S-N* 曲线在坐标图上的斜率，$a=1/A$；参数 b 为式（6.1）表示的 *S-N* 曲线在坐标图上的截距，$b=1/B$。

根据复合材料层板理论，可以实现层板中每一组分材料应力的求解，其推导过程如下。根据材料的本构关系，层板中金属层的应力、应变可以表示为

$$\sigma_{\mathrm{met}} = S_{\mathrm{met}}\varepsilon_{\mathrm{met}} \tag{6.2}$$

$$\varepsilon_{\mathrm{met}} = C_{\mathrm{met}}\sigma_{\mathrm{met}} \tag{6.3}$$

式中，S_{met} 为层板中金属层的刚度矩阵；C_{met} 为层板中金属层的柔度矩阵；σ_{met} 为金属层的应力分量；$\varepsilon_{\mathrm{met}}$ 为金属层的应变分量。

层板整体的应力、应变可以表示为

$$\sigma_{\mathrm{lam}} = S_{\mathrm{lam}}\varepsilon_{\mathrm{lam}} \tag{6.4}$$

$$\varepsilon_{\mathrm{lam}} = C_{\mathrm{lam}}\sigma_{\mathrm{lam}} \tag{6.5}$$

式中，S_{lam} 为层板的整体刚度矩阵；C_{lam} 为层板的整体柔度矩阵；σ_{lam} 为层板的应力分量；$\varepsilon_{\mathrm{lam}}$ 为层板的应变分量。

当层板受到外载荷时，其应变 $\varepsilon_{\mathrm{lam}}$ 可以表达为

$$\varepsilon_{\mathrm{lam}} = C_{\mathrm{lam}}\sigma_{\mathrm{far}} \tag{6.6}$$

式中，σ_{far} 为层板所受的外部远程应力。根据层板理论，可知层板的应变 $\varepsilon_{\mathrm{lam}}$ 与金属层的应变 $\varepsilon_{\mathrm{met}}$ 相同：

$$\varepsilon_{\mathrm{lam}} = \varepsilon_{\mathrm{met}} \tag{6.7}$$

故金属层应力 σ_{met} 可表达为

$$\sigma_{\text{met}}=S_{\text{met}}C_{\text{lam}}\sigma_{\text{far}} \tag{6.8}$$

该表达式可进一步表达为

$$\sigma_{\text{met}}=\left(E_{\text{met}}/E_{\text{lam}}\right)\sigma_{\text{far}} \tag{6.9}$$

式中，E_{met} 是金属材料的弹性模量；E_{lam} 是层板材料的弹性模量，该参数可以通过层板的性能等效算法来求解。

S-N 曲线的另一种表达方式为

$$\left\|\sigma_{\text{p}}\right\|=CN^{a} \tag{6.10}$$

当金属材料的 *S-N* 曲线是已知时，有

$$\sigma_{\text{met}}=\left\|\sigma_{\text{p}}\right\|=CN^{a} \tag{6.11}$$

将式（6.11）代入式（6.9），则有

$$\sigma_{\text{far}}=C\,N^{a}\big/\left(E_{\text{met}}/E_{\text{lam}}\right) \tag{6.12}$$

两边取对数，其形式为

$$\lg\sigma_{\text{far}}=a\lg N+\lg C-\lg\left(E_{\text{met}}/E_{\text{lam}}\right) \tag{6.13}$$

式中，根据式（6.1）和式（6.10）可知，$\lg C=b$。

方程（6.13）描述了层板材料和组分金属材料 *S-N* 曲线之间的关系，考虑了不同金属层应力对层板 *S-N* 曲线的影响。同时，由于层板的 *S-N* 曲线特征主要由金属层的应力和桥接效应决定，故层板的 *S-N* 曲线不仅受金属体积分数和组分材料弹性模量的影响，而且受层板的不同结构和不同远程应力水平影响。对于相同条件下，不同结构的层板将产生不同的桥接应力。因此，必须引入一个修正因子 α_1 来反映不同结构对桥接应力的影响。此外，随着应力的增加，桥接效应对疲劳总寿命的影响将会减小。所以，需引入另一个修正因子 α_2 来反映这一现象。最终，其表达式可以表示为

$$\lg\sigma_{\text{far}}=\alpha_1 a\lg N+\alpha_2\left[b-\lg\left(E_{\text{met}}/E_{\text{lam}}\right)\right] \tag{6.14}$$

式中，α_1 为层板的结构修正系数，它反映了层板结构对 *S-N* 曲线斜率的影响；α_2 为层板的体积修正因子，它反映了施加应力对桥接效应显著程度的影响。

在周期高低加载下，三种材料的 *S-N* 曲线特点是 2/1 层板的 *S-N* 曲线斜率与铝锂合金板的曲线斜率相似，3/2 层板的 *S-N* 曲线斜率比铝锂合金板的曲线斜率更小。根据这一特点可知，2/1 层板的 *S-N* 曲线特征主要取决于金属层的应力；3/2 层板的 *S-N* 曲线特征主要取决于金属层的应力和桥接效应。同时，随着应力的增加，桥接效应对疲劳总寿命的影响将会减小。故基于周期高低加载下 2/1 层板和 3/2 层板 *S-N* 曲线特征，参数 α_1 和 α_2 可表示为

$$\alpha_1=\frac{1}{2}\frac{n_{\text{met}}}{n_{\text{fm}}},\quad \alpha_2=0.99^{m}\frac{\text{MVF}_{n/n-1}}{\text{MVF}_{2/1}} \tag{6.15}$$

式中，m 反映了不同层板对于施加的远程应力和桥接效应之间的联系。对于 2/1 层板，m 值为 1，对于 3/2 层板，m 值为 3；n_{met} 为层板中金属层的层数；n_{fm} 为层板中纤维层的层数；$MVF_{n/n-1}$ 为不同结构层板的金属体积分数。

根据上述模型的推导过程，同样可以发现模型中没有考虑固化残余应力的影响。这是由于在高应力拉伸载荷下，固化残余应力对层板疲劳总寿命的影响非常小，因此，这里将其忽略。此外，上文主要研究了当施加的远程应力大于临界应力时，合金材料与层板疲劳性能之间的关系特征，并根据 S-N 曲线特征引入了相应的修正因子。因此，该模型的准确度主要取决于所施加的远程应力水平及加载方式。

6.3.2 基于恒幅疲劳性能预测过载下层板的疲劳总寿命

本节主要研究内容为基于恒幅疲劳性能预测周期高低加载下不同结构层板的疲劳总寿命。根据 6.2.2 节结论，周期高低加载下，2/1 层板及 3/2 层板均发生了过载迟滞效应，使得层板材料的临界损伤值 D 在测试范围内均大于 1。同时，在远程应力相同时，层板材料与铝锂合金材料相比临界损伤值 D 的增加更加显著，且 3/2 层板相比于 2/1 层板的临界损伤值 D 增加更明显。

由上文分析可知，层板材料在测试应力下的疲劳总寿命包括疲劳裂纹萌生寿命和疲劳裂纹扩展寿命。断裂力学往往用于分析裂纹的扩展情况，在裂纹形成之前的阶段不能进行适合的描述。损伤力学是一种传统的疲劳性能分析方法，从损伤的角度对材料各种损失情况进行分析。故为了研究层板的疲劳总寿命，本节从损伤力学的角度，对层板在周期高低加载下的疲劳总寿命进行分析研究。

基于损伤理论，材料在变幅载荷下疲劳寿命预测方法主要有三部分内容：载荷循环计数、平均应力修正、损伤累积。由于本节研究内容为周期高低加载下的疲劳总寿命预测，其只有两级应力水平，故载荷循环计数研究可以省略。对于周期高低加载下层板的疲劳总寿命预测，只需研究平均应力修正和损伤累积这两部分内容。

关于平均应力修正方法，由于本节研究的疲劳加载方式为周期高低加载，载荷形式中高载荷和低载荷作用次数相同。其中，恒幅 R=0.06 载荷下的层板 S-N 曲线已通过试验确定，其周期高低加载下高载荷的 S-N 曲线需通过平均应力修正方法进行转换来获得。由于高载荷作用次数与低载荷作用次数相同，不同的平均应力修正方法对其最终结果影响较大，故这里不能忽略该影响。为了研究适用于层板材料的平均应力修正方法，后文针对各修正方法进行对比分析，结果表明分段线性修正方法更适用于层板材料的平均应力修正。故本节采用分段线性方法进行平均应力的修正。分段线性模型的线性插值理论的示意图如图 6.4 所示，其模型实现过程如下。

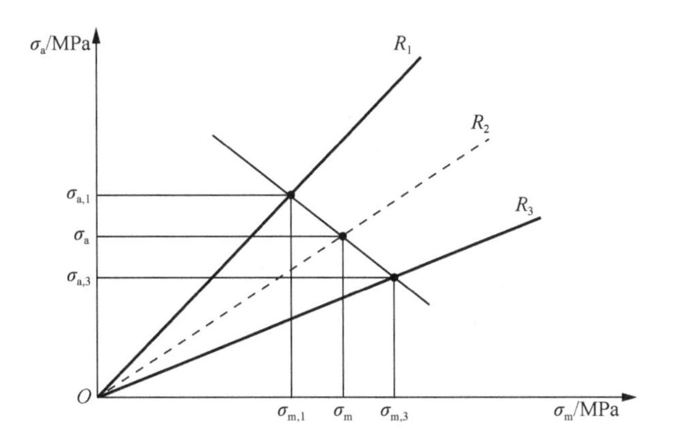

图 6.4　线性插值原理示意图

两条已知的恒幅 S-N 曲线分别定义为 R_1 和 R_3，所求的未知恒幅 S-N 曲线定义为 R_2 对应的 S-N 曲线。首先，确定所求应力循环的平均应力 $\sigma_{m,2}$ 和应力比 R_2。其次，基于已知 S-N 曲线的双对数方程计算已知的恒幅 S-N 曲线的 $\sigma_{m,k}$ 和 $\sigma_{a,k}$ 值（$k=1,3$）。通过求得的 $\sigma_{m,k}$ 和 $\sigma_{a,k}$ 值（$k=1,3$），进一步确定 R_1 和 R_3 在 (σ_a,σ_m) 平面上的位置。同时，R_2 在 (σ_a,σ_m) 平面的位置同样需要通过 $\sigma_{m,2}$ 和 $\sigma_{a,2}$ 进行确定，但目前只能确定 R_2 在 R_1 和 R_3 之间。再次，假设一个初始的疲劳总寿命 N。对于初始疲劳总寿命 N，当 $R_k<1$（$k=1,3$）时，平均应力 $\sigma_{m,k}$ 和应力幅 $\sigma_{a,k}$ 的求解如下式：

$$\sigma_{m,k}=\frac{(1+R_k)\sigma_{p,k}}{2}=\frac{1+R_k}{2}10^{(\lg N-b_k)/a_k},\ k=1,3 \tag{6.16}$$

$$\sigma_{a,k}=\frac{(1-R_k)\sigma_{p,k}}{2}=\frac{1-R_k}{2}10^{(\lg N-b_k)/a_k},\ k=1,3 \tag{6.17}$$

当 $R_k>1$（$k=1,3$）时，平均应力 $\sigma_{m,k}$ 和应力幅 $\sigma_{a,k}$ 的求解如下式：

$$\sigma_{m,k}=\frac{(1+R_k)\sigma_{p,k}}{2}=-\frac{1+R_k}{2}10^{(\lg N-b_k)/a_k},\ k=1,3 \tag{6.18}$$

$$\sigma_{m,k}=\frac{(1-R_k)\sigma_{p,k}}{2}=-\frac{1-R_k}{2}10^{(\lg N-b_k)/a_k},\ k=1,3 \tag{6.19}$$

然后，在 (σ_a,σ_m) 平面上，通过点 $(\sigma_{m,1},\sigma_{a,1})$ 和 $(\sigma_{m,3},\sigma_{a,3})$ 的直线方程为

$$\sigma_a=\frac{\sigma_{a,1}-\sigma_{a,3}}{\sigma_{m,1}-\sigma_{m,3}}\sigma_m+\sigma_{a,1}-\frac{\sigma_{a,1}-\sigma_{a,3}}{\sigma_{m,1}-\sigma_{m,3}}\sigma_{m,1} \tag{6.20}$$

以及 R_2 在 (σ_a,σ_m) 平面的直线方程为

$$\sigma_a=\frac{1-R_2}{1+R_2}\sigma_m \tag{6.21}$$

最后，通过式（6.20）和式（6.21）联立，求解出这两条直线的交点，其交点的横

坐标 $\sigma_{m,2}$ 为

$$\sigma_{m,2}=-\frac{\sigma_{a,1}(\sigma_{m,1}-\sigma_{m,3})-\sigma_{m,1}(\sigma_{a,1}-\sigma_{a,3})}{(\sigma_{a,1}-\sigma_{a,3})-(\sigma_{m,1}-\sigma_{m,3})\dfrac{1-R_2}{1+R_2}} \tag{6.22}$$

然而，该方程并不能获得封闭的解析解。故定义平均应力值（σ_m 与 $\sigma_{m,2}$）间的关系满足式（6.23），则疲劳总寿命初始值 N 可通过式（6.24）进行调整，直到满足式（6.23）的条件。采用这种迭代方法即可求得式（6.22）的封闭解。

$$\left\|\frac{\sigma_m-\sigma_{m,2}}{\sigma_{m,2}}\right\|<0.0001 \tag{6.23}$$

$$N=N+N\frac{\sigma_m-\sigma_{m,2}}{\sigma_{m,2}} \tag{6.24}$$

这时，疲劳总寿命 N 为所要求解的应力循环下层板的恒幅疲劳总寿命值。

关于疲劳损伤累积准则，Miner 累积损伤准则作为工程实际应用最广泛的线性损伤累积准则，其表达式为

$$\sum_{i=1}^{n}(1/N_i)=1 \tag{6.25}$$

该准则中，相同的循环比 n_i/N_i 意味着相同的疲劳损伤值 D_i，由一个包含 n 次 σ_i 应力循环的变幅载荷历程所产生的累积疲劳损伤等价于 $\sum_{i=1}^{n}(1/N_i)$，当疲劳累积损伤达到临界损伤值 D 时（D=1），则发生疲劳破坏。

根据上文总结可知，在周期高低加载下，2/1 层板及 3/2 层板均发生了过载迟滞效应，使得层板的线性累积损伤值 D 均大于 1。同时，在远程应力相同时，层板材料与铝锂合金材料相比临界损伤值 D 的增加更加显著，且 3/2 层板相比于 2/1 层板的临界损伤值 D 增加更明显。然而，从损伤力学的角度进行分析，材料在受载下必然将产生损伤，同时在大载荷作用下将产生更大的损伤。因此，对于层板在周期高低加载下临界损伤值 D 增加的合理解释是在周期高低加载下材料属性得到强化，疲劳性能得以提升。也就是说，层板在周期高低加载下，层板材料的临界损伤值 D 提升。

为了使得 Miner 累积损伤准则更适用于周期高低加载下层板材料的疲劳总寿命预测，应对 Miner 累积损伤准则中的临界损伤值 D 进行相应的修正。即通过引进相应的修正因子，对 Miner 累积损伤准则中的临界损伤值 D 进行修正，其修正形式如下：

$$\sum_{i=1}^{n}(1/N_i)=\alpha \tag{6.26}$$

式中，α 为临界损伤值 D 的修正因子。根据本章对周期高低加载试验的分析，α 值大于 1。

根据上文试验分析，层板材料较合金材料的拉伸过载效应更明显，且 3/2 层板的迟滞效应较 2/1 层板迟滞效应更明显。这是由于在相同远程应力下，层板中金属层所受应力大于合金材料应力，3/2 层板金属层应力大于 2/1 层板金属层应力。也就是说，相同远程应力下，层板在周期高低加载下发生的过载迟滞效应与层板金属层的应力有关，金属层应力越大，其过载迟滞效应越明显。进一步分析，在相同远程应力下，影响金属层应力大小的因素主要有金属体积分数和远程过载应力。远程过载应力相同情况下，层板金属体积分数越小，过载迟滞效应越明显；在层板金属体积分数相同情况下，远程过载应力越大，即过载比越高，过载迟滞效应越明显[39,40,174]。此外，周期高低加载的加载顺序对层板材料的疲劳损伤为非线性损伤，其损伤对疲劳总寿命的影响较大，故也应该将其考虑在内。根据上述结论及单峰过载下修正因子的表达式，其周期高低加载下修正因子 α 可表达为

$$\alpha = 1 + A\left(\frac{R_{\mathrm{ol}}}{\mathrm{MVF}}\right) - \beta \tag{6.27}$$

式中，R_{ol} 为单峰拉伸载荷的过载比，$R_{\mathrm{ol}}>1$；MVF 为金属体积分数；β 为周期高低加载的加载顺序对层板材料的损伤因子，$\beta<1$；A 同周期高低加载中高、低载荷作用次数比有关，可通过试验数据进行确定。

铝锂合金板在周期高低加载下低应力 100MPa 时的线性累积损伤值 D 为 0.481，这时可认为铝锂合金板主要受到加载顺序的影响导致临界损伤值 D 降低，其损伤因子 β 为 0.519（=1−0.481）。即铝锂合金板在周期高低加载下低应力 100MPa 时的损伤因子为 0.519。根据层板理论可知，3/2 层板受到 90MPa 的远程应力时其金属层应力约为 100MPa。故可以认为，3/2 层板在周期高低加载下低应力 90MPa 时的损伤因子为 0.519。同时，通过累积损伤计算，3/2 层板在周期高低加载下低应力 90MPa 时的线性累积损伤值 D 为 1.774。通过上述公式及损伤因子特征，求解 A 值为 0.4。

根据试验数据，通过累积损伤理论，可分别求得 2/1 层板及 3/2 层板在周期高低加载下不同应力时的线性累积损伤值 D。同时，根据上述公式，可求解出相应的 β。通过拟合不同应力下的 β，应力水平与损伤因子呈线性关系。对于 2/1 层板，其线性关系如图 6.5 所示，且表达式为

$$\beta = 0.00626\sigma_{\mathrm{far}} - 0.11298 \tag{6.28}$$

对于 3/2 层板，通过计算线性累积损伤值及损伤因子，其损伤因子不随应力的降低而改变且其值约为 0。故可认为，3/2 层板在周期高低加载下的疲劳总寿命受加载顺序的影响较小，以至于可以忽略。

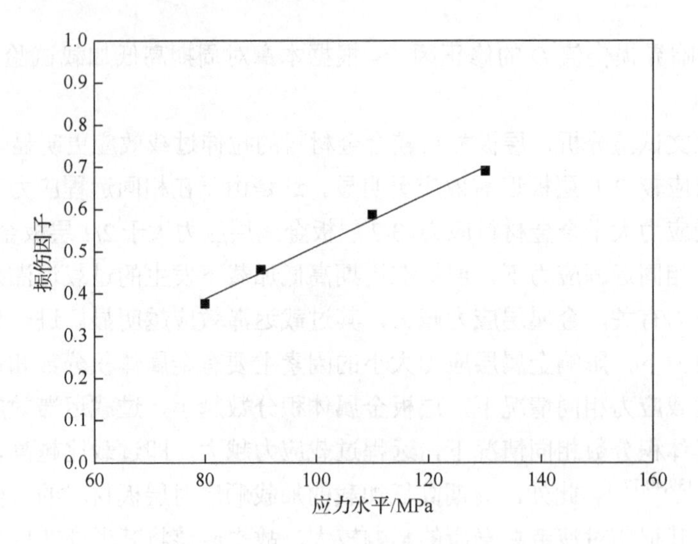

图 6.5　2/1 层板的应力水平与损伤因子关系

又根据试验数据，2/1 层板及 3/2 层板在周期高低加载下发生过载效应所需的应力较铝锂合金板更低，故周期高低加载下层板的修正因子 α 的适用范围为

$$\sigma_{\text{ol,met}} > 0.8\sigma_{0.2} \tag{6.29}$$

式中，$\sigma_{\text{ol,met}}$ 为层板在过载下金属层中的应力；$\sigma_{0.2}$ 为金属材料的屈服强度。

故根据上述结论，对 Miner 累积损伤准则的临界损伤值 D 进行相应的修正，其修正后 Miner 累积损伤准则的表达式为

$$\sum_{i=1}^{n}\left(1/N_i\right) = 1 + 0.4\left(\frac{R_{\text{ol}}}{\text{MVF}}\right) - \beta,\ \sigma_{\text{ol,met}} > 0.8\sigma_{0.2} \tag{6.30}$$

6.4 周期高低加载下层板疲劳总寿命预测模型验证

6.4.1 基于组分性能的预测模型验证

为了验证上述推导的基于组分性能的层板疲劳总寿命预测模型的有效性，本节以 2/1 层板及 3/2 层板在周期高低加载下的疲劳总寿命问题为例，使用该预测模型实现了其疲劳总寿命的预测。

该模型以所预测的加载方式下铝锂合金板的 *S-N* 曲线为基础输入数据，采用 3.4.2 节介绍的能量法性能等效算法求解层板的弹性模量，并使用上述推导的模型预测了相应加载方式下的 2/1 层板及 3/2 层板的 *S-N* 曲线。将预测曲线与试验曲线进行对比，其结果如图 6.6 所示，其曲线参数对比情况如表 6.3 所示。

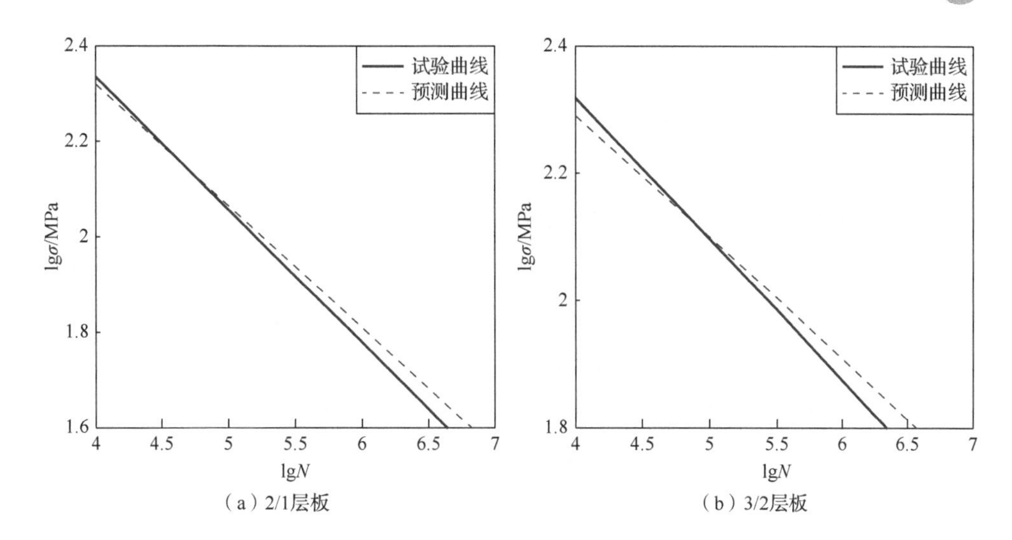

图 6.6　周期高低加载下预测曲线（基于组分性能的预测模型结果）和试验曲线的比较

表 6.3　层板材料周期高低加载下 *S-N* 曲线特征参数的对比

材料	预测曲线		试验曲线	
	a	*b*	*a*	*b*
2/1 层板	−0.2543	3.3360	−0.2784	3.4486
3/2 层板	−0.1908	3.0536	−0.2216	3.2046

为了更直观地验证预测模型的准确性，通过预测模型获得的 *S-N* 曲线分别计算了周期高低加载方式三个应力水平下层板材料的疲劳总寿命，并将三个应力水平下的预测结果与试验结果进行比较。其中每个 *S-N* 曲线的三个应力水平并不相同，对比情况详见表 6.4。

表 6.4　层板材料周期高低加载下疲劳总寿命预测结果与试验结果

材料	最大应力/MPa	预测疲劳总寿命 *N*	试验疲劳总寿命 *N*
2/1 层板	130	63910	63905
	110	123273	117166
	90	271377	237706
3/2 层板	150	39729	50062
	120	127943	98402
	90	577872	466724

通过比较周期高低加载下每种材料的预测曲线，如图 6.6 和表 6.3 所示，可以发现预测的 *S-N* 曲线和试验获得的 *S-N* 曲线彼此接近。通过比较周期高低加载下

三个应力水平下的预测疲劳总寿命与试验疲劳总寿命数据，如表 6.4 所示，可以发现预测结果与试验结果吻合较好。通过上述对比分析，证明该模型对被检材料具有较高的预测准确性。

6.4.2 基于恒幅疲劳性能的预测模型验证

为了验证上述推导的基于恒幅疲劳性能的层板疲劳总寿命预测模型的有效性，本节以 2/1 层板及 3/2 层板在周期高低加载下的疲劳总寿命问题为例，使用该预测模型实现了其疲劳总寿命的预测。

该模型以所研究材料在恒幅载荷下的 *S-N* 曲线为基础输入数据（通常为恒幅 $R=-1$ 的 *S-N* 曲线），采用平均应力修正方法将所受的循环应力转换为恒幅已知应力比下的等效应力，并代入已知的 *S-N* 曲线获得许用疲劳总寿命，最后使用上述修正的 Miner 模型预测了 2/1 层板及 3/2 层板在周期高低加载下的 *S-N* 曲线。将预测曲线与试验曲线进行对比，其结果如图 6.7 所示。在预测过程中，将用到 2/1 层板及 3/2 层板在恒幅 $R=0.06$ 和 $R=-1$ 下的 *S-N* 曲线数据，本书已通过试验获得该数据。

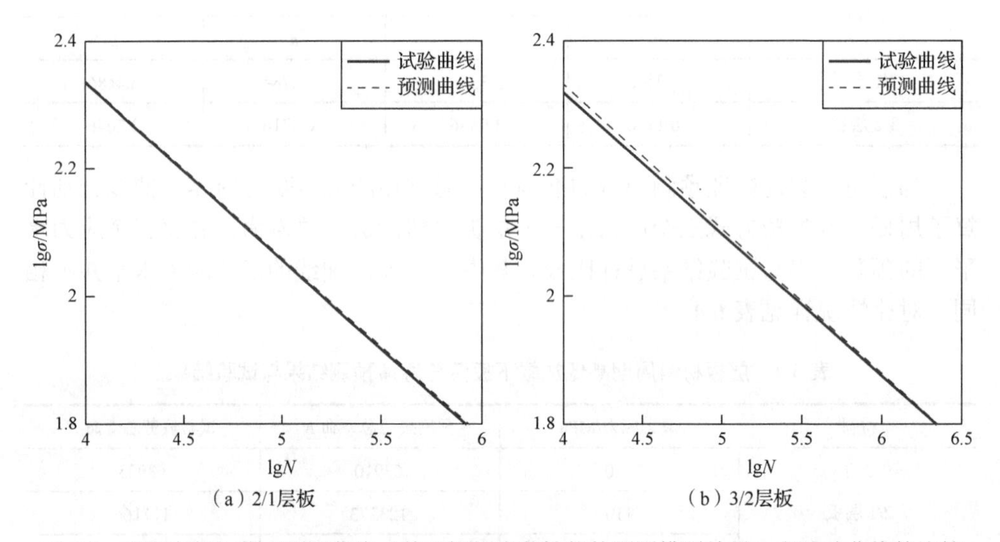

图 6.7 周期高低加载下预测曲线（基于恒幅疲劳性能的预测模型结果）和试验曲线的比较

为了更直观地验证预测模型的准确性，通过该预测模型计算了周期高低加载下三个应力水平层板材料的疲劳总寿命，并将三个应力水平下的预测结果与试验结果进行比较。其中每个 *S-N* 曲线的三个应力水平并不相同，对比情况详见表 6.5。

表 6.5　层板材料周期高低加载下疲劳总寿命预测结果与试验结果

材料	最大应力/MPa	预测疲劳总寿命 N	试验疲劳总寿命 N
2/1 层板	130	63650	63995
	110	119218	117166
	90	239876	237706
3/2 层板	150	48652	50062
	120	130642	98402
	90	463876	466724

通过比较周期高低加载下每种材料的预测曲线，如图 6.7 所示，可以发现预测的 S-N 曲线和试验获得的 S-N 曲线彼此接近。通过比较周期高低加载下三个应力水平下的预测疲劳总寿命与试验疲劳总寿命，如表 6.5 所示，可以发现预测结果与试验结果吻合较好。通过上述对比分析，证明该模型对被检材料具有较高的预测准确性。

参 考 文 献

[1] 2019—2025 年中国航空材料行业市场竞争现状及未来发展趋势研究报告[R]. 北京：智研咨询, 2018.

[2] 康进兴, 马康民. 航空材料学[M]. 北京：国防工业出版社, 2013.

[3] 介苏朋. 纤维金属层板(FMLs)结构制造方法研究[D]. 西安：西北工业大学, 2006.

[4] 蔺晓红. 纤维金属层合板的抗冲击性能研究[D]. 武汉：华中科技大学, 2012.

[5] Vlot A, Gunnink J W. Fibre Metal Laminates: an Introduction[M]. Dordrecht: Kluwer Academic Publishers, 2001.

[6] 杨栋栋. Ti/APC-2 纤维金属层板的制备与力学性能研究[D]. 南京：南京航空航天大学, 2013.

[7] Bishopp J. Chapter 4 surface pretreatment for structural bonding[J]. Handbook of Adhesives & Sealants, 2005, 1:163-214.

[8] Alderliesten R C. Fatigue crack propagation and delamination growth in GLARE[D]. Delft: Delft University of Technology, 2005.

[9] 王时玉. 纤维金属层板的制备及力学性能研究[D]. 哈尔滨：哈尔滨工业大学, 2012.

[10] 陶杰, 李华冠, 潘蕾, 等. 纤维金属层板的研究与发展趋势[J]. 南京航空航天大学学报, 2015, 47(5): 626-636.

[11] Vermeeren C A J R, Beumler T, de Kanter J L C G, et al. GLARE design aspects and philosophies[J]. Applied Composite Materials, 2003, 10(4-5): 257-276.

[12] Chang P Y, Yeh P C, Yang J M. Fatigue crack initiation in hybrid boron/glass/aluminum fiber metal laminates[J]. Materials Science & Engineering A, 2008, 496(1): 273-280.

[13] Frizzell R M, McCarthy C T, McCarthy M A. An experimental investigation into the progression of damage in pin-loaded fibre metal laminates[J]. Composites Part B: Engineering, 2008, 39(6): 907-925.

[14] Alderliesten R C, Vlot A. Fatigue crack growth mechanism of GLARE[C]//Proceedings of the 22nd International SAMPE Europe Conference, Paris, France, 2001: 41-52.

[15] Khan S U, Alderliesten R C, Bunedictus R. Post-stretching induced stress redistribution in fiber metal laminates for increased fatigue crack growth resistance[J]. Composites Science Technology, 2009, 69(3-4): 396-405.

[16] Marissen R. Fatigue crack growth in ARALL. A hybrid aluminum-aramid composite material: crack growth mechanisms and quantitative predictions of the crack growth rates[D]. Delft: Delft University of Technology, 1988.

[17] 孟维迎, 谢里阳, 胡杰鑫, 等. 纤维金属层板金属层应变测量及应力预测方法[J]. 北京航空航天大学学报, 2018, 44(1): 142-150.

[18] 孟维迎, 谢里阳, 刘建中, 等. 玻璃纤维增强铝锂合金层板单峰过载疲劳寿命性能对比研究[J]. 航空学报, 2016, 37(5): 1536-1543.

[19] 孟维迎, 谢里阳, 刘建中, 等. 纤维增强铝锂合金层板不同加载方式下的疲劳性能[J]. 东北大学学报(自然科学版), 2017, 38(5): 690-694.

[20] Wu G C. Mechanical behavior damage tolerance and durability of fiber metal laminates for aircraft structures[D]. Los Angeles: University of California, 2005.

[21] Yeh P C. Static and dynamic behavior of high modulus hybrid boron/glass/aluminum fiber metal laminates[D]. Los Angeles: University of California, 2011.

[22] 郭亚军. 纤维金属层板的疲劳损伤与寿命预测[D]. 北京：北京航空材料研究院, 1997.

[23] Beumler T. Flying GLARE: a contribution to aircraft certification issues on strengths properties in non-damaged and fatigue damaged GLARE structures[D]. Delft: Delft University of Technology, 2004.

[24] 郭亚军, 吴学仁. 纤维金属层板疲劳裂纹扩展速率与寿命预测的唯象模型[J]. 航空学报, 1998(3): 275-283.

[25] Alderliesten R C. Mechanistic approach towards fatigue initiation and damage propagation in fiber metal laminates & hybrid materials[J]. The Minerals, Metals & Materials Society, 2013: 193-200.

[26] Sinke J. Development of fiber metal laminates: concurrent multi-scale modeling and testing[J]. Journal of Material Science, 2006, 41(20): 6777-6788.

[27] Hyoungseock S. Damage tolerance and durability of GLARE laminates[D]. Los Angeles: University of California, 2008.

[28] 陈琪, 关志东, 黎增山. GLARE 层板性能研究进展[J]. 科技导报, 2013, 31(7): 50-56.

[29] Wu G C, Yang J M. The mechanical behavior of GLARE laminates for aircraft structures[J]. Failure in Structural Materials, 2005, 57(1): 72-79.

[30] Alderliesten R C, Homan J J. Fatigue and damage tolerance issues of GLARE in aircraft structures[J]. International Journal of Fatigue, 2006, 28(10): 1116-1123.

[31] Shim D J, Alderliesten R C, Spearing S M, et al. Fatigue crack growth prediction in GLARE hybrid laminates[J]. Composites Science and Technology, 2003, 63(12): 1759-1767.

[32] Khan S U, Alderliesten R C, Benedictus R. Delamination in fiber metal laminates (GLARE) during fatigue crack growth under variable amplitude loading[J]. International Journal of Fatigue, 2011, 33(9): 1292-1303.

[33] Spronk S W F, Sen I, Alderliesten R C. Predicting fatigue crack initiation in fibre metal laminates based on metal fatigue test data[J]. International Journal of Fatigue, 2015, 70: 428-439.

[34] Meng W Y, Xie L Y, Zhang Y, et al. Effect of mean stress on the fatigue life prediction of notched fiber-reinforced 2060 Al-Li alloy laminates under spectrum loading[J]. Advances in Materials Science and Engineering, 2018, 2018: 1-16.

[35] Meng W Y, Li Y P, Zhang X C, et al. Analysis and prediction on total fatigue life problems of fiber reinforced metal laminates under two-stage loading[J]. Composite Structures, 2020, 237: 111960.

[36] Meng W Y, Li Y P, Zhang X C, et al. The damage criterion affecting life prediction of fiber reinforced Al-Li alloy laminates under spectrum loading[J]. International Journal of Aeronautical & Space Sciences, 2020, 21(4): 984-995.

[37] Zhang X C, Meng W Y, Zhang T, et al. Analysis and research on solution method of metal layer stress in fiber metal laminates[J]. Materials Research Express, 2020, 7(11): 116514.

[38] Zhang X C, Meng W Y, Guo J C, et al. Available relevant study on stress analysis and static strength prediction of fiber metal laminates[J]. Scanning, 2020, 2020: 1-13.

[39] Plokker H M, Khan S U, Alderliesten R C, et al. Fatigue crack growth in fibre metal laminates under selective variable-amplitude loading[J]. Fatigue & Fracture of Engineering Materials & Structures, 2009, 32(3): 233-248.

[40] Huang Y, Liu J Z, Huang X, et al. Delamination and fatigue crack growth behavior in fiber metal laminates(GLARE) under single overloads[J]. International Journal of Fatigue, 2015, 78: 53-60.

[41] Alderliesten R C. On the available relevant approaches for fatigue crack propagation prediction in GLARE[J]. International Journal of Fatigue, 2006, 29(2): 289-304.

[42] 陈凯. Ti/Cf/PMR 层板高温力学性能与疲劳裂纹扩展速率的研究[D]. 南京：南京航空航天大学, 2016.

[43] 郑兴伟，何雪婷，刘红兵，等. 纤维铝合金层板的研究进展[J]. 材料导报，2013，27(S1): 347-350.

[44] Bagnoli F, Bernabei M, Figueroa-Gordon D, et al. The response of aluminium/GLARE hybrid materials to impact and to in-plane fatigue[J]. Materials Science & Engineering A, 2009, 523(1-2): 118-124.

[45] Gunnink J W. Damage tolerance and supportability aspects of ARALL laminate aircraft structures[J]. Composite Structures, 1988, 10(1): 83-104.

[46] 贾新强，郎利辉. 纤维金属层板制备成形的研究现状及发展趋势[J]. 精密成形工程，2017，9(2): 1-6.

[47] Vermeeren C A J R. An historic overview of the development of fiber metal laminates[J]. Applied Composite Materials, 2003, 10(4-5): 189-205.

[48] Vogeslang L B, Vlot A. Development of fiber metal laminates for advanced aerospace structures[J]. Journal of Materials Processing Technology, 2000, 103(1): 1-5.

[49] 吴志恩. 纤维金属层板在飞机制造中的应用及工艺性分析[J]. 航空制造技术, 2013(Z1): 137-139.

[50] 王世明, 吴中庆, 张振军, 等. 大飞机用 GLARE 层板的性能综合评价研究[J]. 材料导报, 2010, 24(17): 88-95.

[51] 蒋陵平. GLARE 层板疲劳性能研究综述[J]. 材料导报, 2012, 36(5): 113-118.

[52] 方小强. 玻璃纤维布增强镁基复合材料制备和界面研究[D]. 成都：成都理工大学, 2009.

[53] Beumler T, Pellenkoft F, Tillich A, et al. Airbus costumer benefit from fiber metal laminates[J]. Airbus Deutschland GmbH, 2006, 1: 1-18.

[54] 黄侠, 袁红璇, 蔡鸣豪. GLARE 层板复合材料零件成形与装配技术浅析[J]. 航空制造技术, 2010(6): 92-95.

[55] 林渊, 黄亚新. 纤维增强铝合金层板在军用桥梁中的应用探索[J]. 国防交通工程与技术, 2014, 12(6): 6-10.

[56] 赵祖虎. 航天用纤维增强金属层合板[J]. 航天返回与遥感, 1996, 17(1): 42-51.

[57] Yamaguchia T, Okabe T, Yashiro S. Fatigue simulation for titanium/CFRP hybrid laminates using cohesive elements[J]. Composite Science and Technology, 2009, 69(11): 1968-1973.

[58] Smith B. The Boeing 777[J]. Advanced Meterials and Processes, 2003, 161(9): 41-44.

[59] Pastore C M, Gowayed Y A. A self-consistent fabric geometry model: modification and application of a fabric geometry model to predict the elastic properties of textile composites[J]. Journal of Composites Technology & Research, 1994, 16(1): 32-36.

[60] Botelho E C, Silva R A, Pardini L C, et al. A review on the development and properties of continuous fiber/epoxy/aluminum hybrid composites for aircraft structures[J]. Materials Research, 2006, 9(3): 247-256.

[61] Feng B, Xin Y C, Sun Z, et al. On the rule of mixtures for bimetal composites[J]. Materials Science & Engineering A, 2017, 704: 173-180.

[62] Kim H S, Sun I H, Sun J K. On the rule of mixtures for predicting the mechanical properties of composites with homogeneously distributed soft and hard particles[J]. Journal of Materials Processing Tech, 2001, 112(1): 109-113.

[63] Sarkar B K. Estimation of composite strength by a modified rule of mixtures incorporating defects[J]. Bulletin of Materials Science, 1998, 21(4): 329-333.

[64] Virk A S, Summerscales J, Hall W. A finite element analysis to validate the rule-of-mixtures for the prediction of the Young's modulus of composites with non-circular anisotropic fibres[M]// Fangueiro R, Rana S. Natural Fibres: Advances in Science and Technology Towards Industrial Applications. Berlin: Springer, 2016: 173-182.

[65] Omidi M, Hossein R D T, Milani A S, et al. Prediction of the mechanical characteristics of multi-walled carbon nanotube/epoxy composites using a new form of the rule of mixtures[J]. Carbon, 2010, 48(11): 3218-3228.

[66] Jacquet E, Trivaudey F, Varchon D. Calculation of the transverse modulus of a unidirectional

composite material and of the modulus of an aggregate. Application of the rule of mixtures[J]. Composites Science & Technology, 2000, 60(3): 345-350.

[67] Gao X L, Mall S. A two dimensional rule-of-mixtures micromechanics model for woven fabric composites[J]. Journal of Composites Technology & Research, 2000, 22(2): 60-70.

[68] Oken S, June R R. Analytical and experimental investigation of aircraft metal structures reinforced with filamentary composites[R]. Chicago: The Boeing Company, 1971.

[69] Homan J J. Fatigue initiation in fibre metal laminates[J]. International Journal of Fatigue, 2006, 28(4): 366-374.

[70] Abouhamzeh M, Sinke J, Jansen K M B, et al. Closed form expression for residual stresses and warpage during cure of composite laminates[J]. Composite Structures, 2015, 133: 902-910.

[71] 胡照会，王荣国，赫晓东，等. 金属模板对复合材料层板固化过程中残余应力的影响[J]. 宇航学报, 2007, 28(4): 816-818, 844.

[72] 郭亚军，郑瑞琪. 玻璃纤维-铝合金层板(GLARE)的残余应力[J]. 材料工程, 1998(1): 29-31.

[73] Brunbauer J, Pinter G. Fatigue life prediction of carbon fibre reinforced laminates by using cycle-dependent classical laminate theory[J]. Composites Part B: Engineering, 2015, 70: 167-174.

[74] Chaphalkar P, Kelkar A D. Classical laminate theory model for twill weave fabric composites[J]. Composites Part A: Applied Science & Manufacturing, 2001, 32(1): 1281-1289.

[75] Wang Q, Liang L L, Peng C N. Analysis of the mechanical properties of TC4-6061 composite plate based on classical laminate theory[J]. Applied Mechanics & Materials, 2015, 3764(724): 12-16.

[76] Kale V S, Chhapkhane N K. Analysis of the response of a laminate to imposed forces using classical lamination theory and finite element technique[J]. International Journal of Engineering Science & Technology, 2013, 5(7): 1419-1426.

[77] Wu G C, Yang J M. Analytical modeling and numerical simulation of nonlinear deformation of hybrid fiber metal laminates[J]. Modelling and Simulation in Materials Science and Engineering, 2005, 13(3): 413-425.

[78] Cortés P, Cantwell W J. The prediction of tensile failure in titanium-based thermoplastic fibre-metal laminates[J]. Composites Science & Technology, 2006, 66(13): 2306-2316.

[79] Iaccarino P, Langella A, Caprino G. A simplified model to predict the tensile and shear stress-strain behaviour of fibreglass/aluminium laminates[J]. Composites Science & Technology, 2007, 67(9): 1784-1793.

[80] Chen J L, Sun C T. Modeling of orthotropic elastic-plastic properties of ARALL laminates[J]. Composites Science & Technology, 1989, 36(4): 321-337.

[81] Rao P M, Subba Rao V. Estimating the failure strength of fiber metal laminates by using a hybrid degradation model[J]. Journal of Reinforced Plastics & Composites, 2010, 29(20): 3058-3063.

[82] Nowak T. Elastic-plastic behavior and failure analysis of selected fiber metal laminates[J]. Composite Structures, 2018, 183: 450-456.

[83] Zheng J Y, Liu P F. Elasto-plastic stress analysis and burst strength evaluation of Al-carbon fiber/epoxy composite cylindrical laminates[J]. Computational Materials Science, 2008, 42(3): 453-461.

[84] Gunnink J W, Vogelesang L B. Aerospace ARALL-the advancement in aircraft materials[C]// Proceedings of the 35th International SAMPE Symposium, Anaheim, California, USA, 1990: 1708-1721.

[85] Gunnink J W, Vogelesang L B. Aerospace ARALL: a challenger for aircraft designer[C]// Proceedings of the 36th International SAMPE Symposium and Exhibition, San Diego, California, USA, 1991: 1509-1522.

[86] 吴素君, 解晓伟, 晋会锦, 等, 纤维金属层板力学性能的研究现状[J]. 复合材料学报, 2018, 35(4): 733-747.

[87] 马宏毅, 李小刚, 李宏运. 玻璃纤维-铝合金层板的拉伸和疲劳性能研究[J]. 材料工程, 2006(7): 61-64.

[88] 王亚杰, 王波, 张龙, 等. 玻璃纤维-铝合金正交层板的拉伸性能研究[J]. 材料工程, 2015, 43(9): 60-65.

[89] Hagenbeek M, Van H C, Bosker O J. Static properties of fiber metal laminates[J]. Applied Composite Materials, 2003, 10(4): 207-222.

[90] Kawai M, Morishita M, Tomura S, et al. Inelastic behavior and strength of fiber-metal hybrid composite: GLARE[J]. International Journal of Mechanical Sciences, 1998, 40(2-3): 183-198.

[91] Park C H, Baz A. Comparison between finite element formulations of active constrained layer damping using classical and layer-wise laminate theory[J]. Finite Elements in Analysis & Design, 2001, 37(1): 35-56.

[92] Fukunaga H, Vanderplaats G N. Stiffness optimization of orthotropic laminated composites using lamination parameters[J]. AIAA Journal, 2012, 29(4): 641-646.

[93] Rao P M V, Subba Rao V V. Degradation model based on Tsai-Hill factors to model the progressive failure of fiber metal laminates[J]. Journal of Composite Materials, 2011, 45(17): 1783-1792.

[94] Xia Y M, Wang Y, Zhou Y X, et al. Effect of strain rate on tensile behavior of carbon fiber reinforced aluminum laminates[J]. Materials Letters, 2007, 61(1): 213-215.

[95] Soltani P, Keikhosravy M, Oskouei R H, et al. Studying the tensile behaviour of GLARE laminates: a finite element modelling approach[J]. Applied Composite Materials, 2011, 18(4): 271-282.

[96] 赵丽. 含孔玻璃纤维增强铝合金层合板力学性能研究[D]. 哈尔滨：哈尔滨理工大学, 2013.

[97] Chen J F, Morozov E V, Shankar K. Progressive failure analysis of perforated aluminium/CFRP fibre metal laminates using a combined elastoplastic damage model and including delamination

effects[J]. Composite Structures, 2014, 114(1): 64-79.

[98] Du D D, Hu Y B, Li H G, et al. Open-hole tensile progressive damage and failure prediction of carbon fibre-reinforced PEEK-titanium laminates[J]. Composites Part B, 2016, 91: 65-74.

[99] Clyne T W, Hull D. An Introduction to Composite Materials[M]. Cambridge: Cambridge University Press, 1981.

[100] Verolme J L. The compressive properties of GLARE[R]. Delft: Delft University of Technology, 1991.

[101] Şen I, Alderliesten R C, Benedictus R. Design optimisation procedure for fibre metal laminates based on fatigue crack initiation[J]. Composite Structures, 2015, 120: 275-284.

[102] Chang P Y, Yang J M, Seo H, et al. Off-axis fatigue cracking behaviour in notched fibre metal laminates[J]. Fatigue & Fracture of Engineering Materials & Structures, 2007, 30(12): 1158-1171.

[103] 滕奎，李红萍．玻璃纤维增强铝合金层合板疲劳性能试验研究[J]．航空制造技术，2016(18): 84-87, 94.

[104] Vašek A, Polák J, Kozák V. Fatigue crack initiation in fibre-metal laminate GLARE2[J]. Materials Science & Engineering A, 1997, 234: 621-624.

[105] Toi R. An empirical crack growth model for fiber/metal laminates[C]//Proceedings of the 18th symposium of the international committee on aeronautical fatigue, Melbourne, Australia, 1995: 899-909.

[106] Cox B N. Life prediction for bridged fatigue cracks: ASTM STP18241S[S]. ASTM International, Pennsylvania, USA, 1996.

[107] Takamatsu T, Shimokawa T, Matsumura T, et al. Evaluation of fatigue crack growth behavior of GLARE3 fiber/metal laminates using a compliance method[J]. Engineering Fracture Mechanics, 2003, 70(18): 2603-2616.

[108] Guo Y J, Wu X R. A phenomenological model for predicting crack growth in fiber-reinforced metal laminates under constant-amplitude loading[J]. Composites Science & Technology, 1999, 59(12): 1825-1831.

[109] 张嘉振，白士刚，周振功．拉-压加载下纤维增强铝合金层板疲劳裂纹扩展的压载荷效应与预测模型[J]．复合材料学报, 2012, 29(4): 163-169.

[110] Lin C T, Kao P W. Effect of fiber bridging on the fatigue crack propagation in carbon fiber-reinforced aluminum laminates[J]. Materials Science & Engineering A, 1995, 190(1-2): 65-73.

[111] Guo Y J, Wu X R. Bridging stress distribution in center-cracked fiber reinforced metal laminates: modeling and experiment[J]. Engineering Fracture Mechanics, 1999, 63(2): 147-163.

[112] Guo Y J, Wu X R. A theoretical model for predicting fatigue crack growth rates in fiber-reinforced metal laminates[J]. Fatigue & Fracture of Engineering Materials & Structures,

1998, 21(9): 1133-1145.

[113] Huang X, Liu J Z. Study on delamination porpagation behavior and measurement method for one kind of new fiber metal laminates[J]. Advanced Materials Research, 2012, 538: 1773-1780.

[114] Rans C D, Alderliesten R C, Benedictus R. Predicting the influence of temperature on fatigue crack propagation in fibre metal laminates[J]. Engineering Fracture Mechanics, 2011, 78(10): 2193-2201.

[115] Homan J J. Crack growth properties of thin aluminium sheets at various temperatures[R]. Report B2V-02-39 (restricted). Delft: Delft Technical of University, 2002.

[116] Homan J J. Crack growth properties of thin aluminium sheets[R]. Report B2V-01-16, issue 2. Delft: Delft Technical of University, 2001.

[117] Chang P Y, Yang J M. Modeling of fatigue crack growth in notched fiber metal laminates[J]. International Journal of Fatigue, 2008, 30(12): 2165-2174.

[118] Yeh J R. Fracture mechanics of delamination in ARALL laminates[J]. Engineering Fracture Mechanics, 1988, 30(6): 827-837.

[119] Yeh J R. Fatigue crack growth in fiber-metal laminates[J]. International Journal of Solids & Structures, 1995, 32(14): 2063-2075.

[120] Burianek D A, Spearing S M. Interacting damage modes in titanium-graphite hybrid laminates[C]//Extended Abstracts of the 13th International Conference on Composite Materials. 北京：科学技术文献出版社, 2001: 395.

[121] Antonelli V, de Rijck J J M. Initial study on crack growth modelling of FML with FE-analysis[R]. TNO report 020530168-VA(restricted), 2002.

[122] 夏仲纯, 马玉娥, 云双, 等. 玻璃纤维增强铝合金层板的裂纹扩展特性研究[J]. 西北工业大学学报, 2013, 31(6): 891-895.

[123] Khan S U, Alderliesten R C, Rans C D, et al. Application of a modified Wheeler model to predict fatigue crack growth in fibre metal laminates under variable amplitude loading[J]. Engineering Fracture Mechanics, 2010, 77(9): 1400-1416.

[124] Khan S U. Fatigue crack & delamination growth in fibre metal laminates under variable amplitude loading[D]. Delft: Delft University of Technology, 2012.

[125] 吴学仁, 郭亚军. 变幅载荷下纤维金属层板的疲劳与寿命预测[J]. 中国工程科学, 1999, 1(3): 35-40.

[126] Kawai M, Kato K. Effects of R-ratio on the off-axis fatigue behavior of unidirectional hybrid GFRP/Al laminates at room temperature[J]. International Journal of Fatigue, 2006, 28(10): 1226-1238.

[127] Kawai M, Hachinohe A. Two-stress level fatigue of unidirectional fiber-metal hybrid composite: GLARE 2[J]. International Journal of Fatigue, 2002, 24(5): 567-580.

[128] Dadej K, Bieniaś J, Surowska B. Residual fatigue life of carbon fibre aluminium laminates[J].

International Journal of Fatigue, 2017, 100: 94-104.

[129] Pan L, Yapici U. A comparative study on mechanical properties of carbon fiber/PEEK composites[J]. Advanced Composite Materials, 2015, 25(4): 359-374.

[130] Xue J, Wang W X. Reduction of thermal residual stress in carbon fiber aluminum laminates using a thermal expansion clamp[J]. Composites Part A, 2011, 42(8): 986-992.

[131] Reyes G, Kang H. Mechanical behavior of lightweight thermoplastic fiber-metal laminates[J]. Journal of Materials Processing Technology, 2007, 186(1): 284-290.

[132] Carrillo J G, Cantwell W J. Scaling effects in the tensile behavior of fiber-metal laminates[J]. Composites Science & Technology, 2007, 67(7-8): 1684-1693.

[133] Cortés P, Cantwell W J. Fracture properties of a fiber-metal laminates based on magnesium alloy[J]. Journal of Materials Science, 2004, 39(3): 1081-1083.

[134] Lee B E, Park E T, Kim J, et al. Analytical evaluation on uniaxial tensile deformation behavior of fiber metal laminate based on SRPP and its experimental confirmation[J]. Composites Part B Engineering, 2014, 67: 154-159.

[135] Antipov V V. Efficient aluminum-lithium alloys 1441 and layered hybrid composites based on it[J]. Metallurgist, 2012, 56(5-6): 342-346.

[136] Antipov V V, Senatorova O G, Beumler T, et al. Investigation of a new fibre metal laminate (FML)family on the base of Al-Li-Alloy with lower density[J]. Materials Science & Engineering Technology, 2012, 43(4): 350-355.

[137] Li H G, Hu Y B, Xu Y W, et al. Reinforcement effects of aluminum-lithium alloy on the mechanical properties of novel fiber metal laminate[J]. Composites Part B Engineering, 2015, 82: 72-77.

[138] 秦杰. 玻璃纤维增强树脂/镁合金复合层板的制备及其性能研究[D]. 重庆：重庆大学, 2016.

[139] 中国航空工业总公司. 金属室温拉伸试验方法：HB 5143—1996[S]. [S.l.]：[S.n.], 1996.

[140] 中国建筑材料联合会, 中国航空工业集团公司. 定向纤维增强聚合物基复合材料拉伸性能试验方法：GB/T 3354—2014[S]. 北京：中国标准出版社, 2014.

[141] 中国钢铁工业协会. 金属材料　疲劳试验　疲劳裂纹扩展方法：GB/T 6398—2017[S]. 北京：中国标准出版社, 2017.

[142] Walker E K. The effect of stress ratio during crack propagation and fatigue for 2024-T3 and 7075-T6 aluminum[C]//Effects of Environment and Complex Load History on Fatigue, ASTM STP 462, 1970: 1-14.

[143] 中国航空工业总公司. 金属材料轴向加载疲劳试验方法：HB 5287—1996[S]. [S.l.]：[S.n.], 1996.

[144] Dixon W J. Ratios involving extreme values[J]. The Annals of Mathematical Statistics, 1951, 22(1): 68-78.

[145] Tsai S W, Hahn H T. Introduction to Composite Materials[M]. Lancaster: Technomic Publishing, 1980.

[146] Chamis C C. Mechanics of composite materials: past, present and future[J]. Journal of Composites Technology & Research, 1989, 11(1): 3-14.

[147] Hill R. Theory of mechanical properties of fiber-strengthened materials-elastic behavior[J]. Journal of the Mechanics and Physics of Solids, 1964, 12(4): 199-212.

[148] Hashin Z, Rosen B W. The elastic moduli of fiber-reinforced materials[J]. Journal of Applied Mechanics, 1964, 31(2):223-232.

[149] Christensen R M, Lo K H. Solutions for effective shear properties in three phase sphere and cylinder models[J]. Journal of the Mechanics and Physics of Solids, 1979, 27 (4): 315-330.

[150] 黄争鸣. 复合材料细观力学引论[M]. 北京：科学出版社, 2004.

[151] Huang Z M. A unified micromechanical model for the mechanical properties of two constituent composite materials, Part I: elastic behavior[J]. Journal of Thermoplastic Composite Materials, 2000, 13(4): 252-271.

[152] Huang Z M. Simulation of the mechanical properties of fibrous composites by the bridging micromechanics model[J]. Composites Part A, 2001, 32(2): 143-172.

[153] 刘佳. 智能方法在聚合物/无机物纳米复合材料研究中的应用[D]. 长春：吉林大学, 2008.

[154] 肖映雄, 张平, 舒适, 等. 一种计算复合材料等效弹性性能的有限元方法[J]. 固体力学学报, 2006, 27(1): 77-82.

[155] Eshelby J D. The determination of the elastic field of an ellipsoidal inclusion, and related problems[J]. Proceedings of the Royal Society of London, Series A, Mathematical and Physical Sciences, 1957, 241(1226): 376-396.

[156] Hill R. A self-consistent mechanics of composite materials[J]. Journal of the Mechanics and Physics of Solids, 1965, 13(4): 213-222.

[157] Kerner E H. The elastic and thermo-elastic properties of composite media[J]. Proceedings of the Physical Society Section B, 1956, 69(8): 808-813.

[158] Mori T, Tanaka K. Average stress in matrix and average elastic energy of materials with misfitting inclusions[J]. Acta Metallurgica, 1973, 21(5): 571-574.

[159] Roscoe R. The viscosity of suspensions of rigid spheres[J]. British Journal of Applied Physics, 1952, 3(8): 267-269.

[160] Hashin Z, Shtrikman S. A variational approach to the theory of the elastic behaviour of multiphase materials[J]. Journal of the Mechanics and Physics of Solids, 1963, 11(2): 127-140.

[161] 冯淼林, 吴长春, 孙慧玉. 三维均匀化方法预测编织复合材料等效弹性模量[J]. 材料科学与工程学报, 2001, 19(3): 34-37.

[162] Sun C T, Li S. Three-dimensional effective elastic constants for thick laminates[J]. Journal of Composite Materials, 1988, 22(7): 629-639.

[163] Zhang W H, Wang F W, Dai G M, et al. Topology optimal design of material microstructures using strain energy-based method[J]. Chinese Journal of Aeronautics, 2007, 20(4): 320-326.

[164] 陈作荣，诸德超，陆萌．复合材料的等效弹性性能[J]. 复合材料学报, 2000, 17(3): 73-77.

[165] 陈丹，潘文峰，晏石林．基于能量法的复合材料热残余应力的拓扑优化[J]. 固体力学学报, 2008, 29(S1): 90-94.

[166] 雷友锋，魏德明，高德平．细观力学有限元法预测复合材料宏观有效弹性模量[J]. 燃气涡轮试验与研究, 2003, 16(3): 11-15.

[167] Koning A U D E, Linden H H. Prediction of fatigue crack growth rates under variable amplitude loading[C]//NLR MP81023U, NLR, Amsterdam, Netherlands, 1981.

[168] Wheeler O E. Spectrum loading and crack growth[J]. Journal of Basic Engineering, 1972, 94(1): 181-186.

[169] Zhang J Z, He X D, Du S Y. Analyses of the fatigue crack propagation process and stress ratio effects using the two parameter method[J]. International Journal of Fatigue, 2005, 27(10-12): 1314-1318.

[170] Irwin G R. Plastic zone near a crack tip and fracture toughness[C]//Proceedings of the Seventh Sagamore Ordnance Material Conference: Mechanical and Metallurgical Behavior of Sheet Materials, 1960: 63-78.

[171] Zhang J Z, He X D, Du S Y. Analysis of the effects of compressive stresses on fatigue crack propagation rate[J]. International Journal of Fatigue, 2007, 29(9-11): 1751-1756.

[172] 谢里阳，刘建中．样本信息聚集原理与 *P-S-N* 曲线拟合方法[J]. 机械工程学报, 2013, 49(15): 96-104.

[173] Wu X R, Guo Y J. Fatigue behaviour and life prediction of fibre reinforced metal laminates under constant and variable amplitude loading[J]. Fatigue & Fracture of Engineering Materials & Structures, 2002, 25(5): 417-432.

[174] Woerden H J M. Variable amplitude fatigue of GLARE[D]. Delft: Delft University of Technology, 1998.

编 后 记

“博士后文库”是汇集自然科学领域博士后研究人员优秀学术成果的系列丛书。“博士后文库”致力于打造专属于博士后学术创新的旗舰品牌，营造博士后百花齐放的学术氛围，提升博士后优秀成果的学术影响力和社会影响力。

“博士后文库”出版资助工作开展以来，得到了全国博士后管委会办公室、中国博士后科学基金会、中国科学院、科学出版社等有关单位领导的大力支持，众多热心博士后事业的专家学者给予积极的建议，工作人员做了大量艰苦细致的工作。在此，我们一并表示感谢！

“博士后文库”编委会